ISSN 0371-327X

SITZUNGSBERICHTE DER SÄCHSISCHEN AKADEMIE
DER WISSENSCHAFTEN ZU LEIPZIG

Mathematisch-naturwissenschaftliche Klasse
Band 116 · Heft 6

BENNO PARTHIER

DER BEITRAG DER MOLEKULARBIOLOGIE ZUR EVOLUTIONSERKENNTNIS

AKADEMIE-VERLAG · BERLIN
1983

ISSN 0371-327X

SITZUNGSBERICHTE DER SÄCHSISCHEN AKADEMIE DER WISSENSCHAFTEN ZU LEIPZIG

Mathematisch-naturwissenschaftliche Klasse
Band 116 · Heft 6

BENNO PARTHIER

DER BEITRAG DER MOLEKULARBIOLOGIE ZUR EVOLUTIONSERKENNTNIS

Mit 19 Abbildungen und 5 Tabellen

AKADEMIE-VERLAG · BERLIN
1983

Vorgetragen in der Sitzung am 5. Februar 1982
Manuskript eingeliefert am 4. Mai 1982
Druckfertig erklärt am 10. November 1983

Erschienen im Akademie-Verlag, DDR - 1086 Berlin, Leipziger Straße 3–4

Lizenznummer: 202 · 100/523/83
Printed in the German Democratic Republic
Gesamtherstellung: VEB Druckhaus „Maxim Gorki", 7400 Altenburg
LSV 1315
Bestellnummer: 763 232 0 (2027/116/6)

00600

INHALT

SITZUNGSBERICHTE DER SÄCHSISCHEN AKADEMIE DER WISSENSCHAFTEN ZU LEIPZIG

BAND 116

MATHEMATISCH-NATURWISSENSCHAFTLICHE KLASSE

AKADEMIE-VERLAG · BERLIN

1982—1983

Lizenznummer: 202 · 100/523/83
Satz und Druck: VEB Druckhaus „Maxim Gorki“,
DDR - Altenburg
Printed in the German Democratic Republic

INHALT

Heft 1 *Ries, Werner:* Studien zum biologischen Alter. 1982. 27 S., 10 Abb., davon 1 auf 1 Taf.

Heft 2 *Sachsenweger, Rudolf:* Augenunabhängige optosensorische Wahrnehmungsformen. 1983. 19 S.

Heft 3 *Schöpf, Hans-Georg:* Die Griechen und die Natur. 1982. 62 S.

Heft 4 *Benetin, Ján:* Mathematisches Modell für das Wachstum von landwirtschaftlichen Kulturen und seine Verwertung in der quantitativen Beurteilung des Bewässerungseffektes auf die Steigerung der Ernteerträge. 1983. 36 S., 18 Abb., 3 Tab.

Heft 5 *Drischel, Hans:* Neues über die Pupille. 1983. 30 S., 26 Abb.

Heft 6 *Parthier, Benno:* Der Beitrag der Molekularbiologie zur Evolutionserkenntnis. 1983. 41 S., 19 Abb., 5 Tab.

Heft 7 *Watznauer, Adolf:* Die Rolle des Radons (Isotop ^{222}Rn) als Umweltfaktor – eine Übersicht. 1983. 34 S., 3 Abb. 4 Tab.

1. Einleitung

Die phylogenetische Abstammung und Entwicklung der irdischen Lebewesen unter kausalen Gesichtspunkten zu verstehen, ist ein seit langem gehegter Wunsch denkenden und forschenden menschlichen Geistes. Können wir im verbleibenden Rest dieses Jahrhunderts noch mit einer überzeugenden Erklärung rechnen? Vieles spricht dafür, denn gegenwärtig tritt die Evolutionsbiologie aus ihrer bisher weitgehend spekulativen Phase in eine durch molekulare Datenfülle gestützte Denkrichtung ein.

Verständlicherweise ist keine Evolutionstheorie direkt beweisbar. Vielmehr muß sie durch Indizienbefunde, durch extrapolierbare Vergleiche und durch Erfahrungstatsachen indirekt so stark gestützt werden, daß eine erdrückende Zahl von Indizien einen experimentellen Beweis ersetzt oder diesem doch sehr nahe kommt. Bisher ist die geniale Idee der biologischen Evolution von Charles Darwin, dessen 100. Todestag sich am 19. April 1982 jährte, allen Erfahrungen und Vergleichen am besten gerecht geworden. Sie hat in den vergangenen 150 Jahren nicht nur alle Versuche zu ihrer Widerlegung erfolgreich überstanden, sondern wurde durch neuere Entdeckungen erheblich gefestigt, die im wesentlichen von Molekularbiologen beigesteuert wurden.

In den letzten Dezennien ist das allgemeine Interesse an der Evolution nicht nur bei Biologen, Physikern, Chemikern und anderen Naturwissenschaftlern gewachsen, sondern hat auch im geisteswissenschaftlichen Bereich viele Anhänger gefunden. Neu ist dies zwar nicht, wenn man an die ebenso geistreichen wie spekulativen Gedanken erinnert, mit denen Philosophen seit Aristoteles die Diskussionen zur Evolution des Kosmos, der Erde, aber auch der Pflanzen und Tiere und schließlich des Menschen angeregt haben. Der Entwicklungsgedanke in der Biologie bekam jedoch erst festen Boden unter die Füße nach Darwins Postulat, daß zwei verschiedene, voneinander unabhängig wirkende Bedingungen für die Entstehung neuer Arten und damit für die Evolution der Lebewesen verantwortlich seien — genetische Variabilität und umweltbedingte Selektion.

2. Molekularbiologie und Evolutionsforschung

Die heutige Situation könnte man als Revolution in der Erforschung der Evolution bezeichnen. Die Geschwindigkeit des Erkenntniszuwachses ist der exponentiellen Kinetik des Evolutionsprozesses selbst ebenbürtig — natürlich in verschiedenen Zeitskalen. Bestätigt wird dies durch eine Lawine von Veröffentlichungen über Eiweiß- und Nucleinsäuresequenzen, weil diese Makromoleküle über Jahrmillionen dynamisch konserviert wurden, gewissermaßen „lebende Fossilien" darstellen. Viele Evolutionsforscher sind gelernte Molekularbiologen, weil in dieser Disziplin in den vergangenen 20 Jahren neue Methoden entwickelt und fundamentale Erkenntnisse über den molekularen Ablauf der Lebensvorgänge und über den Mechanismus der Vererbung gewonnen wurden; das aber sind Voraussetzungen für ein tieferes Evolutionsverständnis.

Die Molekularbiologen haben herausgefunden, wie ein Genom, die Gesamtheit der Erbanlagen einer Zelle, organisiert und strukturell aufgebaut ist. Grundlage ist die doppelsträngige DNA-Spirale, in der 4 Arten je 2 komplementärer Basen (A und T, G und C) über sogenannte „Watson-Crick"-Wasserstoffbrücken gepaart sind (Abb. 1, A). Diese Anordnung gewährleistet eine identische Reduplikation des genetischen Materials. Wir kennen das „zentrale Geheimnis", wonach die Gene als strukturelle und funktionelle Einheiten aus doppelsträngiger DNA die in ihrer Basenfolge gespeicherte Information preisgeben. Nachdem Molekularbiologen die Gesetze des genetischen Codes enträtselt haben, wissen wir, daß diese Information zunächst in die Basen-Sequenzen von RNA umgeschrieben und daraus schließlich im Verhältnis 3 Basen : 1 Aminosäure in die Aminosäurefolgen der Eiweiße übersetzt wird (Abb. 1, B), in Enzyme zum Beispiel, den unerläßlichen Katalysatoren aller Lebensvorgänge. Die Entdeckung, daß der genetische Code universellen Charakter hat (doch vgl. Abweichungen im Mitochondrien-Code, Tab. 5), demnach in allen rezenten Lebewesen die Information der Gene nach den gleichen Gesetzen abgerufen wird, hat sich als besonderer Glücksumstand für den vergleichenden molekularen Aspekt in der Evolution erwiesen. Dadurch wird es möglich, molekulare Veränderungen des genetischen Materials, der DNA selbst oder ihrer primären und sekundären Genprodukte (RNA und Proteine), als Meßgrößen für phylogenetische Beziehungen und für Evolutionsraten zu benutzen.

Zweifellos muß man von allen, dem Evolutionsgedanken Indizien liefernden Wissenschaftsdisziplinen der Sequenzanalyse von Genen oder unmittelbaren Genprodukten den wohl höchsten Stellenwert einräumen. Diese Makromoleküle sind heutzutage relativ leicht in großer Reinheit zu isolieren; die Zer-

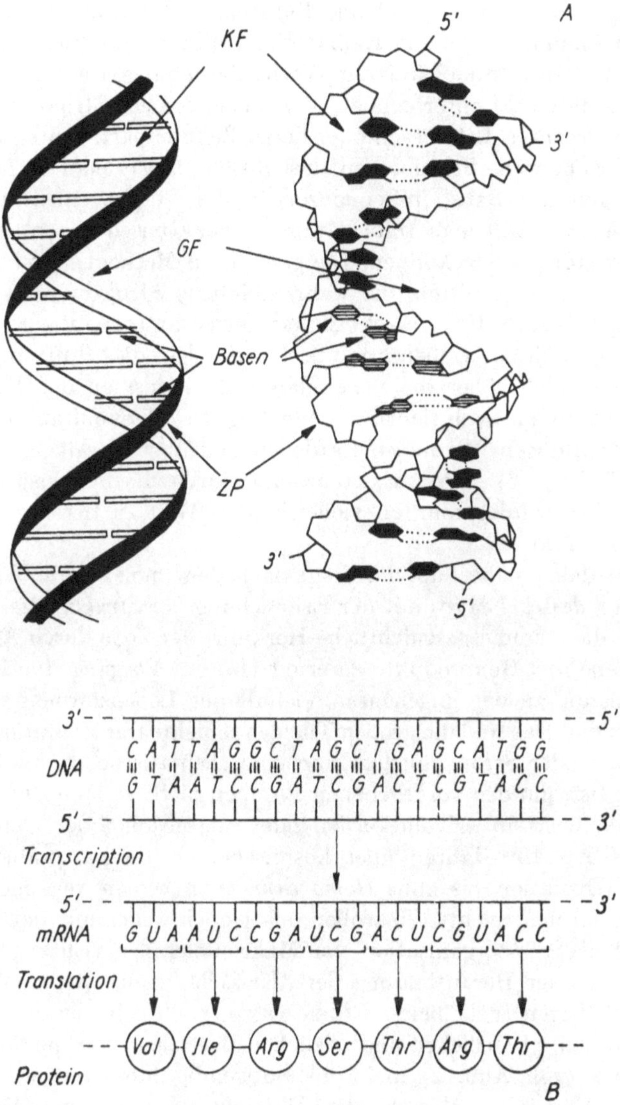

Abb. 1. Schraubenstruktur der doppelsträngigen DNA (A) und Übertragung der in der DNA-Basenfolge codierten genetischen Information über mRNA in die Aminosäuren-Sequenz der Proteine (B).

In B ist der obere Strang der codogene; jeweils drei Basen (Code-Triplett) in DNA bzw. mRNA bestimmen eine Aminosäure im Protein. KF, kleine Furche; GF, große Furche; ZP, Zuckerphosphat-Reste. Aus NOVER und REINBOTHE (1982), wenig verändert.

legungstechnik in ihre molekularen Bausteine ist automatisiert; den Rest besorgt ein Computer, der die Reihenfolgen und Homologien der Bausteine herausfindet, ihre intramolekularen Wechselbeziehungen aufzeigt und strukturelle Verwandtschaften errechnet. Vergleiche solcher Strukturen aus möglichst vielen rezenten Lebewesen oder deren Zellkompartimenten ermöglichen es, auf phylogenetische Beziehungen zu schließen, indem man die festgestellten Veränderungen der Baustein-Sequenzen in die Vergangenheit extrapoliert. Auf diese Weise erhält man Informationen über Gensequenzen, deren Träger bereits ausgestorben sein können. Die genannten Methoden sind so weit entwickelt, daß sie es gestatten, die wahrscheinliche Struktur eines „Ur-Gens" vorzuschlagen (EIGEN 1980, EIGEN & WINKLER-OSWATITSCH 1981).

Gleichzeitig nähren sequenzanalytische Erfolge die Hoffnung, daß wir zukünftig viel mehr über die molekularen Mechanismen der Evolution erfahren als DARWINS evolutionstreibende Begriffe Variabilität und Selektion auszusagen vermögen. Die neuen Entdeckungen über Mosaikgene und Transposons (vgl. Kap. 6), deren Existenz erst durch die Sequenzanalysen von Genen offenbar wurde, könnten vielleicht den Weg zu tieferem Evolutionsverständnis weisen.

Was liegt daher näher, als die Frage nach dem molekularen Geschehen in der *Evolution des Phänotyps* mit der Erforschung der *Struktur des Genotyps* zu korrelieren, die stammesgeschichtliche Herkunft der Zelle durch Analyse ihrer Genome, Gene und Genprodukte zu ermitteln, um Vorgängen auf den Grund zu kommen, die zu der ungeheuren Vielfalt der Lebensformen auf unserem Erdball führten. Das sind die großen Themen molekularer Evolutionsforschung — ein ausufernder Strom, in dem nun eine thematische „Schwimmstrecke" abzustecken ist, um den vorgegebenen Rahmen nicht zu sprengen.

In Tabelle 1 ist ein „Evolutionskalender" dargestellt, der vom „Urknall" vor 1,8 bis 2×10^{10} Jahren über kosmische, chemische, präbiotische und biologische Evolution bis zum *Homo sapiens* in seinen verschiedenen Verwirklichungsformen reicht. Wir wollen uns jedoch weder mit der Entstehung des Lebens als Selbstorganisation von Makromolekülen (EIGEN 1972, KUHN 1972) oder mit der Herausbildung der „Ur-Zelle" samt „Ur-Gen" und „Ur-Code" beschäftigen (vgl. hierzu EIGEN 1980), noch soll uns die Verästelung in den tierischen, pflanzlichen und pilzlichen Bereichen eines phylogenetischen Stammbaums (vgl. Abb. 2) mehr als notwendig interessieren. Unsere Betrachtungen betreffen viel mehr die „Wurzeln" des Baumes, die Evolution primitiver Urzellen zu prokaryotischen Zellen (Procyten) und insbesondere den Ursprung eukaryotischer Zellen (Eucyten). Diese Periode ist vor etwa 1,5 bis 3,5 Milliarden Jahren anzusetzen.

Gerade die stammesgeschichtliche Betrachtung der eukaryotischen Zelle ist ein hervorragendes Beispiel dafür, wie durch vergleichende Sequenzana-

Tabelle 1

Skala der Evolutionsprozesse („Evolutionskalender“)

Evolutionsstufen	Jahre zurück	Ereignisse
Kosmische Evolution	$2 \cdot 10^{10}$	„Urknall“
	10^{10}	Atome, Moleküle; Galaxien, Sterne
Chemische Evolution	$7 \cdot 10^{9}$	monomere polymere Verbindungen
Geologische Evolution	$6 \cdot 10^{9}$	Erdkruste, Gebirge, Urozeane
Präbiotische Evolution	$5 \cdot 10^{9}$	Aminosäuren, Basen, Polypeptide, Polynucleotide; Selbstorganisation, Koazervate
Zell-Evolution	$4 \cdot 10^{9}$	Urzelle: Urgene, Urcode, Urmembran
	$3 \cdot 10^{9}$	Prokaryoten: Blaualgen Bakterien
Biologische Evolution	$2 \cdot 10^{9}$	Einzellige Eukaryoten (Protisten)
		Mehrzellige niedere Eukaryoten
	10^{9}	Höhere Eukaryoten:
	10^{8}	Pflanzen, Pilze
	10^{7}	Tiere
		Säugetiere
Menschen-Evolution	10^{6}	Homo sapiens
Kulturell-gesellschaftliche Evolution	10^{4}	„Homo faber“ „Homo politicus“ usw.

lysen von homologen[1] Makromolekülstrukturen recht eindeutig phylogenetische Verwandtschaftsverhältnisse aufgezeigt werden konnten. An drei exemplarischen Species von Makromolekülen wird hierauf später (S. 16ff.) näher eingegangen.

Zuvor jedoch müssen in gebotener Kürze die beiden Zelltypen und ihre Unterschiede vorgestellt werden, denn für die Evolution der Eucyten gibt es zwei alternative Hypothesen.

[1] Homolog werden nur solche Strukturen bezeichnet, die einem gemeinsamen Vorfahren entstammen. Ähnlichkeit an sich ist noch kein Beweis für Homologie.

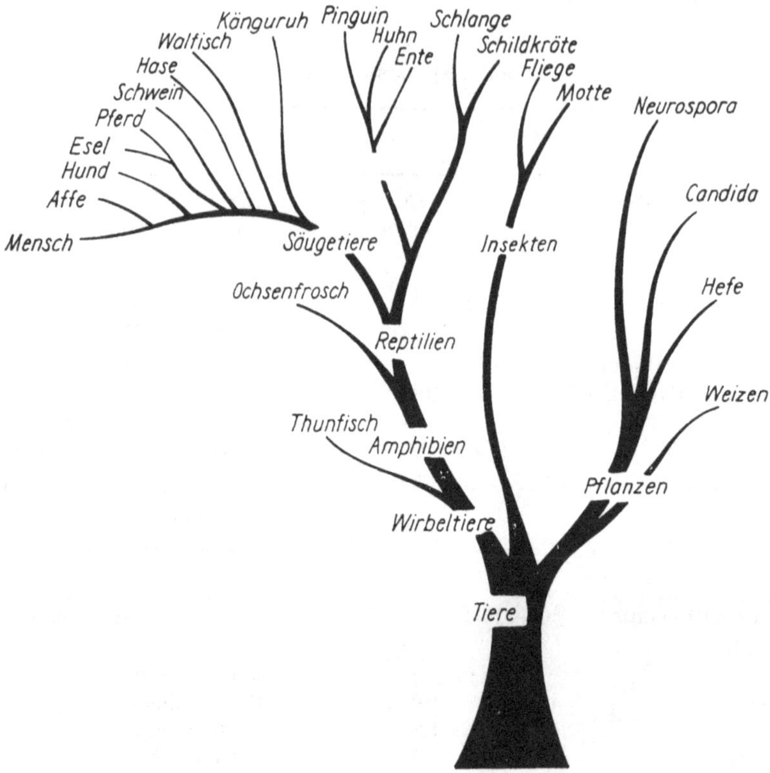

Abb. 2. Phylogenetischer Stammbaum der Eukaryoten basierend auf Sequenzvergleichen von Cytochrom c-Molekülen aus den angezeigten Spezies.

Die Abstände zwischen Verzweigung und Endpunkten sind ein relatives Maß der Sequenzhomologien, d. h. kurzes Zweigstück bedeutet hohe Homologie, längere Abstände geringere Homologie in den Aminosäuresequenzen.
Aus EIGEN (1980) nach DICKERSON und GEIS.

3. Hypothesen zum Ursprung der Eucyten

Die eukaryotische Zelle (Abb. 3) ist im allgemeinen durch innere Membranen stark gegliedert. Sie kommt als Einzelzelle bei Protisten vor und ist in differenzierter und spezialisierter Form der Grundbaustein aller Tiere, Pflanzen und Pilze. Sie bewahrt ihre genetische Information in einem gut erkennbaren, durch eine Doppelmembran abgetrennten Zellkern. Dieser Zelltyp enthält weitere, durch Einzel- oder Doppelmembranen vom übrigen Zellraum abgegrenzte Kompartimente, die Organellen. Von diesen besitzen die Mitochondrien und in Pflanzenzellen zusätzlich die Chloroplasten eigene, spezifische Genome, deren DNA-Information in organellen-eigene Proteine übersetzt werden kann. Solche zusätzlichen Genome und die organellenspezifischen Bestandteile zur Ausprägung der genetischen Information sind für unsere Thematik die wichtigsten Zeugen, um phylogenetische Beziehungen zwischen eukaryotischen Zellen und den kleineren, in der Regel einzelligen Procyten (Eubakterien,

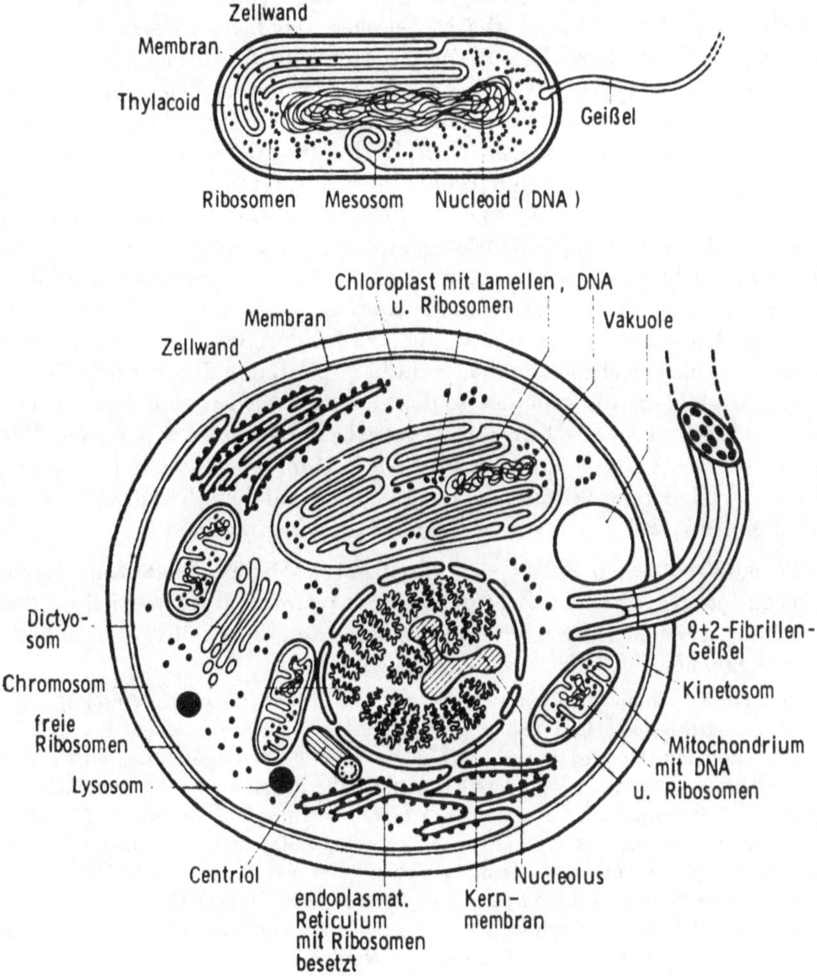

Abb. 3. Idealisierte Querschnitte durch eine prokaryotische Zelle (oben) und durch eine eukaryotische Zelle (unten).

Einzelheiten im Text. Aus KAPLAN (1978).

Cyanobakterien = Blaualgen) aufzuzeigen. Letztere besitzen um einige Zehnerpotenzen kleinere Genome, die nicht durch Membranen vom übrigen Zellraum abgegrenzt sind (Abb. 3).

Derartige cytologische Unterschiede bewirkten, daß die Biologen bis vor wenigen Jahren die Organismenwelt in zwei große Reiche einteilten, in Prokaryoten und in Eukaryoten. Die Situation änderte sich, nachdem Nucleinsäure- und Zellwand-Analysen sogenannter Archaebakterien nahelegten, diese Einzeller als eigenständiges Reich zwischen die beiden bisher bestehenden einzuordnen (WOESE und FOX 1977, DOOLITTLE 1980). Archaebakterien weisen molekulare, cytologische, genetische und biochemische Züge vom prokaryotischen *und* vom eukaryotischen Zelltypus auf. Als Bewohner ökologischer Nischen wird ihrer phylogenetischen Herkunft größtes Interesse entgegengebracht, so daß ihre Vertreter (Halobakterien, thermophile und methanogene Gattungen) schnell in die experimentelle Evolutionsforschung einbezogen wurden (z. B. FOX et al. 1977, WOESE et al. 1978, KANDLER 1981). Auf diesen interessanten Evolutionsaspekt kann hier nicht näher eingegangen werden.

Grundlage für alle Hypothesen zur Eucyten-Herkunft ist die hundertfach gemachte Beobachtung, daß Gene und die an der Genexpression beteiligten Makromoleküle der Mitochondrien und Chloroplasten in Stuktur und Funktion prokaryotischer Natur und damit deutlich verschieden sind von denen im Kern und cytoplasmatischem Raum derselben eukaryotischen Zellen. Woher kommen diese Organellen, wie ist ihr Schicksal im Verlaufe der Evolution gewesen und folglich, wie entstanden die Eucyten? Auf diese Kernfrage kann man mit zwei prinzipiell verschiedenen Vorschlägen antworten:

1. Die eukaryotischen Zellen sind direktlinige Abkömmlinge von altertümlichen prokaryotischen Zelltypen. Diese wurden über partielle Vervielfachung ihrer Genome sowie deren Abgrenzung durch Membranumhüllung zu Organellen.

   Kommentar: Somit könnten sich die mitochondrienhaltigen Tier- und Pilz-Zellen von „Ur-Bakterien" und die chloroplastenhaltigen Pflanzenzellen aus „Ur-Blaualgen" ableiten. Es wird *a priori* angenommen, daß Prokaryoten den entwicklungsgeschichtlich älteren Zelltyp darstellen (was allerdings nicht allgemein akzeptiert wird). Es ist jedoch schwer erklärlich, weshalb bestimmte Bereiche der Zellen (nämlich die Organellen) ihre ursprüngliche Genomkapazität nicht nur nicht vermehrten, sondern sogar reduzierten. Denn sowohl Chloroplasten als auch Mitochondrien sind genetisch nicht autonom; für den Aufbau ihrer funktionellen Strukturen sind sie auf zusätzliche Genprodukte des Zellkerns angewiesen, auf Proteine, die aus dem Cytoplasma in die Organellen transportiert werden.

2. Die eukaryotischen Zellen entstanden als Fusionsprodukte aus zwei oder drei Protocyten; genauer, durch Inkorporation einer oder mehrer prokaryotischer Zellen (oder prokaryotischer Genome) in einen bereits genom-

haltigen, anaerob lebenden Proto-(Eu)-Karyoten. Im Laufe der Evolution wurden die Endosymbionten zu Mitochondrien bzw. Chloroplasten umgewandelt, wobei eine kontinuierliche Reduktion ihrer Genome mit der Übernahme der entsprechenden Gene durch den Zellkern der Wirtszelle einherging.

Kommentar: Gegen solche Annahmen wird eingewendet, daß eine Genübertragung aus dem aufgenommenen Symbionten in das Genom des Wirtes Denkschwierigkeiten bereite. Viele Beobachtungen der letzten Jahre und die Erfolge des „genetic engineering“ über Artgrenzen hinweg lassen allerdings einen Gentransfer zwischen Kompartimenten einer Zelle durchaus möglich erscheinen. Im Gegensatz zur ersten Vorstellung sind die großen Ähnlichkeiten in Genomstruktur und Nucleinsäure-Sequenzen, die zwischen Bakterien und Blaualgen einerseits und Mitochondrien und Chloroplasten andererseits bestehen, zwanglos zu erklären. Gleiches gilt für die unterschiedliche Zusammensetzung von Außen- und Innenmembran der Organellenhülle; die erste hat Ähnlichkeiten mit Zellmembranen von Procyten.

Diese beiden grundsätzlich verschiedenen und im Mechanismus gegensätzlichen Hypothesen der Eucyten-Evolution, endogene *versus* exogene Herkunft ihrer Organellen, sind in Abbildung 4 skizziert. Sie werden auch als

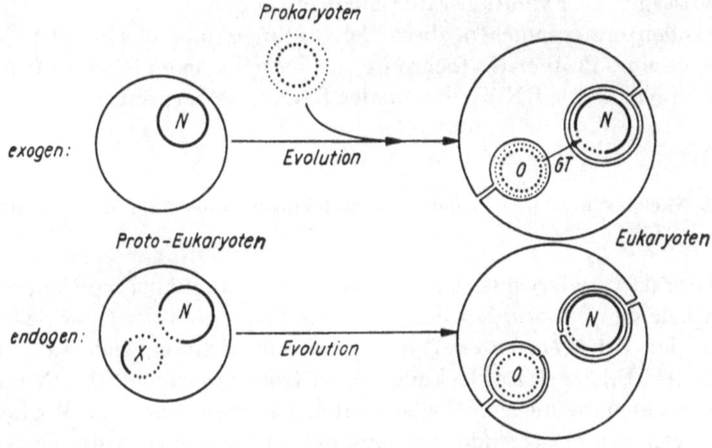

Abb. 4. Vereinfachte schematische Darstellung der beiden Hypothesen zur exogenen und endogenen Herkunft der DNA-haltigen Organellen (Mitochondrien und Chloroplasten) in eukaryotischen Zellen.

N, Nucleus; O, Organelle; GT, Gentransfer; X, extranucleäres genetisches Element im frühen Vorläufer einer eukaryotischen Zelle. Bei der exogenen (Endosymbionten-) Hypothese wird eine prokaryotische Zelle einer bereits kernhaltigen Zelle einverleibt; bei den endogenen Hypothesen entwickeln sich Organellen aus endogen vorhandenen genetischen Elementen und endogener Kompartimentierung durch Membranumhüllung. Äußerlich ist der Endzustand in beiden Hypothesen identisch: durch Doppelmembranen abgegrenzte Organellen mit spezifischer DNA und eigenen Genexpressionsstrukturen.
Weitere Einzelheiten im Text.- Aus PARTHIER (1980).

ECH (Endogene Compartimentierung-Hypothese; MAHLER und RAFF 1975) und als ESH (Endosymbionten-Hypothese; MARGULIUS 1970) bezeichnet. Von jeder der beiden Grundvorstellungen gibt es zusätzliche Varianten, auf die hier nicht eingegangen werden soll (vgl. dazu PARTHIER 1975, 1980, 1981; BÖRNER und HAGEMANN 1976; SCHWEMMLER 1979).

Es ist verständlich, daß vergleichende Sequenzanalysen von Genen und Genproduktionen als willkommene Zeugen für die Richtigkeit der einen oder der anderen Evolutionshypothese herangezogen werden. Solche Daten lassen klarere Aussagen *für* oder *gegen* eine der beiden Hypothesen erwarten als die bisherigen, auf paläontologischen oder morphologischen Studien beruhenden Vergleiche. Sollte die ECH richtig sein, müßten die Sequenzhomologien zwischen Organellengenen und Kerngenen größer sein als die Homologien zwischen Genen des Zellkerns und rezenter Prokaryoten. Sollte die ESH Gültigkeit besitzen, dann müßte die Übereinstimmung der Sequenzen zwischen Organellen- und Kerngenen kleiner sein als die Homologien zwischen den Genen in Organellen und Genen der Prokaryoten. Ferner kann man auch bestimmen, ob und wie die Genome der Mitochondrien und Chloroplasten in den Zellen der einzelnen eukaryotischen Taxa voneinander variieren, wodurch Aussagen zu Evolutionsraten möglich werden.

Wir wollen nun versuchen, diese Behauptungen am Beispiel der Sequenzhomologien eines Proteins (Cytochrom c), niedermolekularer RNA (transfer RNA) und hochmolekularer RNA (ribosomaler RNA) zu überprüfen.

4. Nucleinsäuren und Proteine als molekulare Sonden der Zellevolution

Der Grund, warum Sequenzen von primären und sekundären Genprodukten als Beispiele gewählt wurden und nicht die Sequenzen der Gene selbst, liegt allein in der Tatsache, daß es bis vor kurzem nicht möglich war, DNA zu sequenzieren. Erst nach Entdeckung der Restriktionsenzyme, die DNA-Doppelstränge an genau definierten Stellen spalten, wurden ganz neue Möglichkeiten eröffnet. Der neu einsetzende internationale Aufschwung in der Gensequenzbestimmung hat bisher bereits sehr überzeugende Ergebnisse erbracht, so daß man innerhalb der nächsten Jahre wahrscheinlich eine sehr große Zahl an Genen sequenzieren wird, um phylogenetische Vergleiche anzustellen. Auch in diesem Beitrag beruhen einige tRNA-Sequenzen auf der Analyse ihrer entsprechenden Gene; doch auf Grund des „zentralen Dogmas“ der Molekularbiologie sowie der herrschenden Regeln des genetischen Codes ist der historisch früher geübten Analyse von RNA- und Proteinsequenzen eine fast ebenbürtige Aussagekraft zuzubilligen.

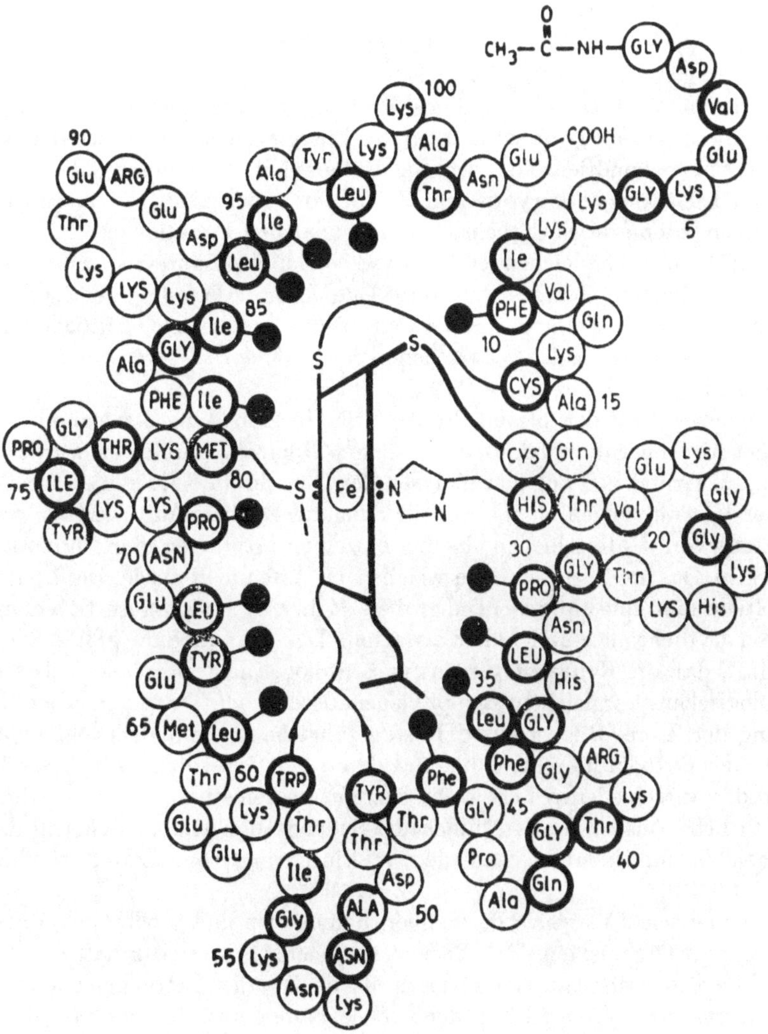

Abb. 5. Cytochrom c: Primärsequenz und intramolekulare Anordnung der Aminosäuren um das katalytische Zentrum, einem eisenhaltigen Porphyrinringsystem (Hämgruppe).

Von den 104 Bausteinen sind die Aminosäuren im hydrophoben Inneren des Moleküls dick umrandet, die an der hydrophilen Oberfläche dünn umrandet. Abkürzungen der Aminosäuren in Großbuchstaben kennzeichnen invariante Positionen in allen untersuchten Cytochrom c-Sequenzen (vgl. Abb. 6). Aus REINBOTHE und KRAUSS (1982).

4.1. Cytochrom c

Cytochrom c ist ein eisenhaltiges Protein, das aus durchschnittlich 104 Aminosäuren besteht (Abb. 5) und bei der Energiegewinnung in der Atmungskette der Mitochondrien eine wichtige Rolle spielt. Es kommt daher in den Mitochondrien aller eukaryotischen Zellen vor, aber auch in Chloroplasten und Prokaryoten gibt es Cytochrome c mit analogen Funktionen.

Mit Hilfe der vergleichenden Analyse von Aminosäure-Sequenzen kann man dieses Protein (bzw. die gesamte Cytochrom c-Familie) benutzen, um phylogenetische Beziehungen zwischen Prokaryoten und Mitochondrien, oder noch sicherer, solche zwischen verschiedenen Eukaryoten-Stämmen untereinander aufzuklären.

Beginnen wir mit der letzten Problematik. In Abbildung 2 sahen wir einen phylogenetischen Stammbaum der höheren Organismenwelt; er wurde entworfen auf Grund von Sequenzanalysen der Cytochrom c-Moleküle. Die Feinheit der Verzweigungen im oberen Teil (Säugetiere) ist ein Ausdruck der geringen Zahl von Unterschieden in den einzelnen Positionen der Aminosäure-Sequenzen. Das breite Auseinanderweichen der Äste für Pflanzen, Insekten und Wirbeltiere läßt eine entsprechend größere Zahl von Aminosäure-Divergenzen in ihren Cytochrom c-Molekülen erwarten. Der Stammbaum gibt eindeutig Auskunft, daß die Kriterien, die aus paläontologischen, morphologischen und physiologischen Vergleichen zur phylogenetischen und taxonomischen Einordnung der Tiere, Pflanzen und Pilze geführt haben, mit dem molekularen Aufbau des Cytochrom c-Moleküls und damit der Gensequenz für dieses Protein in den verschiedenen Lebewesen sehr gut übereinstimmen. Entwicklungsgeschichtliche Aussagen aus Aminosäure-Sequenzen sind demnach voll anzuerkennen als molekulare Grundlage zur Einführung von „Evolutionsuhren" (DAYHOFF 1976).

Ein numerischer Vergleich der Sequenzhomologien im Cytochrom c-Molekül verschiedener Organismen (Tab. 2) beweist die enge Verwandtschaft und demzufolge die historisch relativ kurze Trennung der Spezies, Gattungen oder Familien voneinander im oberen Teil der Tabelle, besonders unter den Säugetieren. Doch auch zwischen Mensch und Schildkröte besteht noch Gemeinsamkeit in 85% der Aminosäure-Positionen. Zu Pflanzen und Pilzen oder gar Prokaryoten wie *Rhodospirillium* bestehen allerdings größere Divergenzen. Die Differenzen in den Sequenzen überwiegen die Gemeinsamkeiten; Aussagen über Verwandtschaftsbeziehungen werden unsicher, weil natürlich all jene als invariant oder konstant bezeichneten Aminosäuren außer Betracht gelassen werden müssen, da sie Positionen in der Sequenz einnehmen, die im katalytischen Zentrum des Proteins liegen und als funktionell notwendige Bausteine unentbehrlich

Tabelle 2

Abweichungen in der Zahl der Aminosäurepositionen in Cytochrom c-Sequenzen aus verschiedenen Organismen. (Bezugsgröße ist Cytochrom c des Menschen)

Organismus	Differenzen in AS-Positionen
Schimpanse	0
Rhesusaffe	1
Kaninchen	9
Pferd	12
Huhn	13
Schildkröte	15
Thunfisch	21
Motte	31
Weizen	35
Hefe	44
Rhodospirillum (Cytochrom c_2)	70

sind. Wegen ihrer besonderen physikalischen oder chemischen Eigenschaften sind diese Aminosäuren nicht gegen andere austauschbar. Ihr Ausfall oder Austausch würde das Molekül funktionslos machen und demzufolge das Mitochondrion bzw. die Zelle bis zur Letalität schädigen. In diesen Positionen veränderte Aminosäuren, die meist auf Mutationen in den entsprechenden Sequenzen der DNA beruhen, werden in der Evolution nicht toleriert; die Nachkommen dieser Mutanten sterben aus.

Pos. 14–19: [-Cys] -Ala -Gln -[Cys -His] -Thr
(Ala ⇅ Ser)

Pos. 67–80: -Tyr-Leu-Glu-Asn-Pro-Lys-Lys-Tyr-Ile-...[-Met-] (80)
(Glu ⇅ Leu (1x))

Abb. 6. Invariante Aminosäuren im Cytochrom c-Molekül aller bisher untersuchten Organismen.

Positionen entsprechend Abb. 5. Die angezeigten Aminosäure-Austausche sind konservativer Natur, d. h. nur Aminosäuren mit sehr ähnlichen physiko-chemischen Eigenschaften wurden ausgetauscht. Eingerahmte Aminosäuren haben direkte Bindungen zum Eisen-Porphyrinkern im katalytischen Zentrum des Cytochrom c (vgl. Abb. 5).

In Abbildung 6 (vgl. auch Abb. 5) sind solche invarianten Aminosäuren und ihre Positionen erkennbar, z. B. zwei Cysteinreste in Position 14 und 17, Histidin in Position 18 und Methionin in Position 80, sowie weitere Aminosäuren im linken Begrenzungsfeld des Häms im katalytischen Zentrum. Die erstgenannten halten die Hämgruppierung durch vier kovalente Bindungen in einer festen Position innerhalb des Proteinnetzwerkes, wodurch eine Wanderung von Elektronen zum zentralen Eisen im Verlauf der Atmungskette gewährleistet wird (DICKERSON 1980).

Insgesamt 60 Aminosäurepositionen sind im Cytochrom c der Hefe und des Menschen identisch. Daraus kann man eine Zeitspanne der Evolution von 1,2 Milliarden Jahren extrapolieren. In dieser Periode sind die Aminosäuren dieser Positionen nicht ausgetauscht worden, währenddessen sich die unterschied-

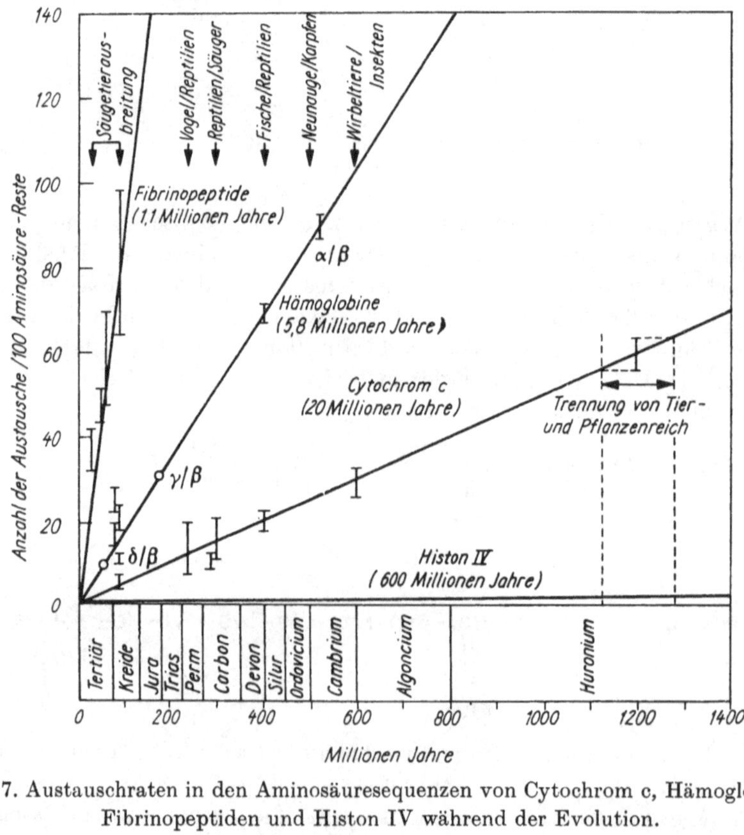

Abb. 7. Austauschraten in den Aminosäuresequenzen von Cytochrom c, Hämoglobinen, Fibrinopeptiden und Histon IV während der Evolution.

Die Zahlen in Klammern unter den Proteinen geben an, in wieviel Millionen Jahren (im Durchschnitt) ein Aminosäure-Austausch stattgefunden haben sollte.
Aus KAUDEWITZ (1973) nach DICKERSON.

lichsten Phänotypen zwischen Hefe und Mensch entwickelten. Demzufolge kann man berechnen, daß in durchschnittlich 24 Millionen Jahren ein mutativ bedingter Aminosäure-Austausch im Cytochrom c-Molekül stattgefunden haben dürfte. Andere, nicht in den Mitochondrien vorkommende Proteine wie die Hämoglobine erreichten eine viermal raschere Evolutionsgeschwindigkeit, die an der Blutgerinnung beteiligten Fibrinopeptide veränderten sich sogar mit dem Faktor 15 schneller (Abb. 7). Dagegen sind Histone als Proteine des Zellkerns ein Musterbeispiel an phylogenetischer Stabilität.

Während die Entwicklungsgeschichte der Eukaryoten, insbesondere der Tiere, auf der Grundlage von Sequenzanalysen vieler Proteine sehr gut belegt ist, die mit fossilen und morphologischen Befunden völlig übereinstimmen,

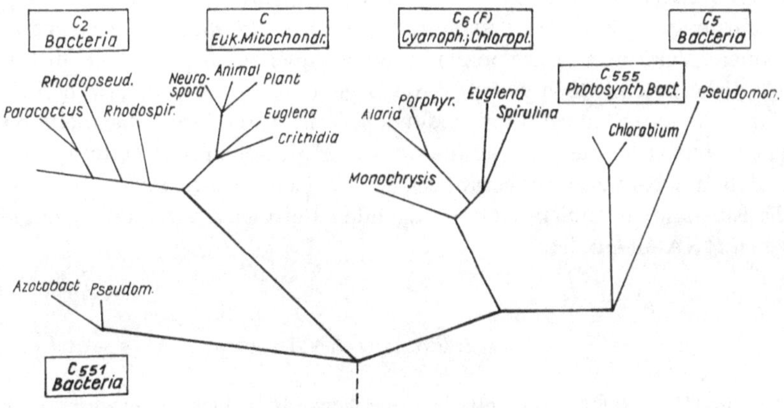

Abb. 8. Stammbaum der Cytochrom c-Familie.

Aus Sequenzvergleichen von Cytochrom c-Primärstrukturen mit solchen anderer Cytochrome der c-Familie werden phylogenetische Beziehungen zwischen verschiedenen Prokaryoten-Linien, zu Mitochondrien und Chloroplasten hergestellt. Aus DAYHOFF (1976), verändert.

sind die phylogenetischen Beziehungen zwischen Prokaryoten und den Organellen der Eucyten weit weniger gesichert. Es ist das Verdienst besonders von Margaret DAYHOFF, einige Klarheit in diesen Bereich gebracht zu haben, indem sie verschiedene Typen von Cytochrom c zu „Überfamilien" zusammenfaßte und dafür Stammbäume konstruierte (Abb. 8), die sie mit den Stammbäumen anderer Proteine oder Nucleinsäuren verglich. Daraus läßt sich erkennen, daß die phylogenetische Herkunft der Chloroplasten aus Blaualgen (Cyanobakterien) als ziemlich sicher gelten kann, während Mitochondrien aus aeroben und zugleich photosynthetischen Formen von Purpurbakterien stammen dürften, die der heutigen Gattung *Rhodospirillum* ähnelten (SCHWARTZ und Dayhoff 1978, Dickerson 1980). Die Elektronentransportketten der Photosynthese und der Atmung haben demnach einen gemeinsamen Ursprung. Der Verlust des photosynthetischen Teils kann erst eingetreten sein, nachdem die Erdatmosphäre bereits eine Sauerstoffkonzentration erreicht hatte, in der die Bakterien allein durch Atmung genügend Energie zum Überleben gewannen.

Die relativ geringe Größe und der hohe Funktionalisierungsgrad verleihen allerdings dem Cytochrom c den Charakter eines relativ konservativen Moleküls. Es liegt der Gedanke nahe, ob die beschriebenen Homologien nicht ebenso zwingend durch funktionsbedingte konvergente Entwicklungen entstanden sein und uns zu stammesgeschichtlich irreführenden Aussagen verleiten könnten. Zudem widerspiegelt eine Proteinsequenz direkt nur die Sequenz einer Messenger-RNA und erst in zweiter Linie die Gensequenz; posttranskriptionelle Veränderungen von Aminosäuresequenzen liegen daher im Bereich des Möglichen. Schließlich bedeutet die Degeneriertheit des genetischen Codes, daß fast alle Aminosäuren (außer Met und Trp) durch zwei oder mehr Basen-Tripletts codiert werden. Es können daher Mutationen stattgefunden haben, ohne daß die Aminosäure verändert wurde (sogenannte stille Mutationen). Solche Einwände entfallen bei den folgenden Beispielen der Sequenzvergleiche zwischen RNA-Molekülen.

4.2. *Transfer-RNA*

Transfer-RNA (tRNA) spielt bei der Eiweißsynthese eine zentrale Rolle indem sie als struktureller und funktioneller Adaptor zwischen der transkribierten genetischen Information (der mRNA) und ihrem Produkt (den Proteinen) dient. An jedes tRNA-Molekül wird auf enzymatischem Wege eine bestimmte Aminosäure esterartig gebunden, dann wird sie als Aminoacyl-tRNA zu den Ribosomen transportiert, wo die Aminosäure auf Grund der spezifischen Basenpaarung zwischen Anticodon-Triplett ihrer tRNA und dem entsprechenden Code-Triplett der Messenger-RNA in der genetisch vorbestimmten Reihenfolge in die wachsende Polypeptidkette eingefügt wird. Für jede der 20 proteinogenen Aminosäuren gibt es eine bestimmte tRNA-Species, aber die wirkliche Zahl der tRNA-Arten in einer Zelle, besonders in der eukaryotischen, ist mehrfach höher, weil verschiedene Isoakzeptor-tRNAs (so werden unterschiedliche tRNA-Moleküle für die gleiche Aminosäure genannt) im Cytosol, Mitochondrien und Chloroplasten vorliegen und weil der genetische Code degeneriert ist, d. h. für fast alle Aminosäuren mehrere Code-Wörter existieren, für die entsprechende Anticodons in tRNA-Molekülen mit unterschiedlichen Primärstrukturen vorhanden sind.

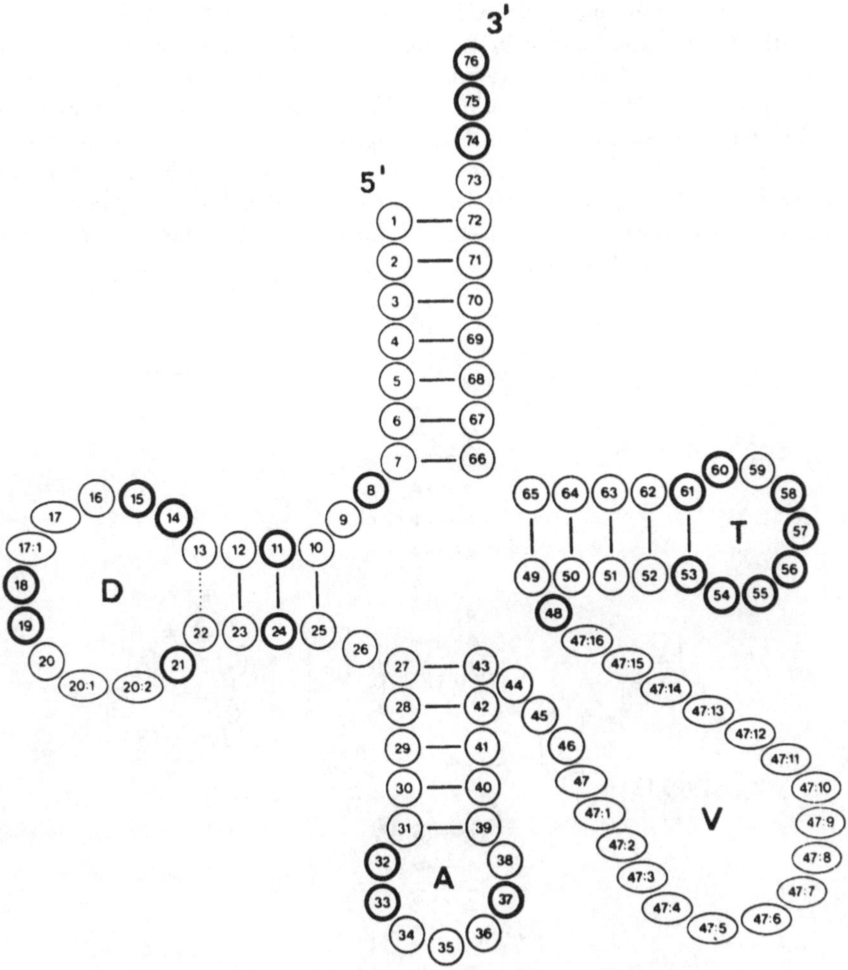

Abb. 9. Allgemeine „Kleeblatt"-Struktur der Transfer-RNA.

Die dick umrandeten Positionen bedeuten invariante Basen, die in (fast) allen bisher sequenzierten ca. 300 tRNA-Spezies unverändert sind. A, Anticodon-Schleife; D, Dihydrouridin-Schleife; T, Thymidin-Schleife; V, Extra-Schleife (nicht in allen tRNA-Spezies ausgeprägt).
Aus PARTHIER (1982) nach GAUSS und SPRINZL (1981), modifiziert.

Alle bisher sequenzierten tRNA-Moleküle (z. Z. ca. 300) sind durch eine gemeinsame Grundstruktur aus durchschnittlich 76 Basen bzw. Nucleotiden gekennzeichnet, die sich im Kleeblatt-Modell übersichtlich darstellen lassen (Abb. 9), während die funktionsfähige dreidimensionale Konformation durch intramolekulare Bindungen einem kompakten „L“ ähnelt. Jedes tRNA-Molekül enthält invariante Basen in Positionen, die für die Aufgaben der tRNA in der Proteinbiosynthese notwendig sind. Sie befinden sich in den Schleifen D und T gehäuft, während insbesondere die gepaarten Basen in den Stammesabschnitten des Moleküls ohne Funktionsverlust weitgehend austauschbar erscheinen. Nur diese varianten Basen sind für phylogenetische Betrachtungen interessant, weil mutative Veränderungen in der Regel keine letalen Konsequenzen haben sollten. Sie erweisen sich daher in erster Linie als Kandidaten für Gradmesser der Evolution.

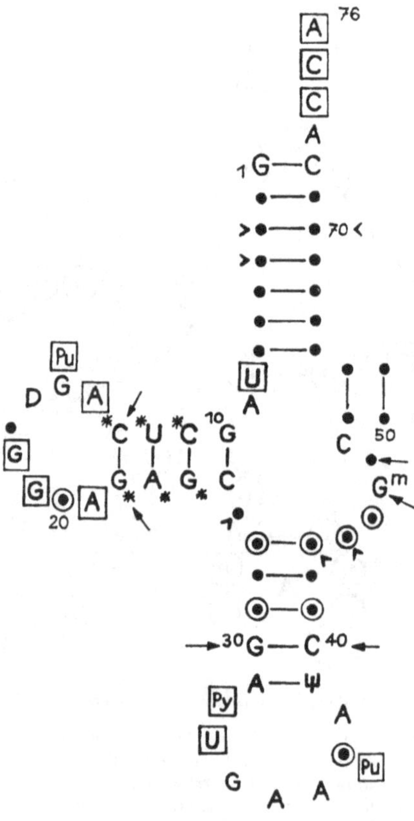

Abb. 10. Basenvariationen in der Struktur phenylalanin-spezifischer tRNA ($tRNA^{Phe}$), die aus 20 Primärsequenzen verallgemeinert wurde.

Erklärungen: Buchstaben in Quadraten = generell invariante Basen; Buchstaben ohne Quadrate: invariant in den sequenzierten $tRNA^{Phe}$ (* außer *Schizosaccharomyces pombe*); ⊙ = unterschiedliche Basen in prokaryotischer und eukaryotischer $tRNA^{Phe}$; >, Unterschiede zwischen $tRNA^{Phe}$ aus Chloroplasten verschiedener Herkunft; ↑, unterschiedliche „invariante“ Basen in $tRNA^{Phe}$ aus Hefe-Mitochondrien; ●, variante Basen. Nach PARTHIER (1980)

Betrachten wir die „Grundstruktur“ der Phenylalanin bindenden tRNA (tRNA^{Phe}), die aus den Sequenzdaten von mehr als 20 tRNA^{Phe}-Arten von verschiedener Herkunft konstruiert wurde (Abb. 10), dann fallen neben den für alle tRNA-Arten universell invariablen Basen weitere Positionen auf, die in allen tRNA^{Phe}-Molekülen konserviert worden sind; offenbar sind sie für die enzymatische Bindung des Phenylalanins an die tRNA erforderlich. Zwischen den tRNA^{Phe} aus prokaryotischen und eukaryotischen Zellen gibt es einige Positionen mit unterschiedlichen Basen, die neben den etwa 25 variablen Basen zu Evolutionsbetrachtungen herangezogen werden können. Vergleichen wir die Basensequenzen der tRNA^{Phe} von Organellen, Cytosol und aus Procyten (ausführliche Darstellungen bei Parthier 1980, 1982), so zeigt sich: Der Homologiegrad zwischen tRNA^{Phe} aus Chloroplasten und Blaualgen beträgt 85%, zwischen Chloroplasten verschiedener Pflanzen gar 95%. Demgegenüber sind tRNA^{Phe} der Chloroplasten und des Cytosol derselben Zelle nur zu 65% homolog. Noch geringere Sequenzhomologien weist tRNA^{Phe} aus Mitochondrien der Hefe gegenüber tRNA^{Phe} aus Prokaryoten, Chloroplasten und eukaryotischem Cytosol auf; die Unterschiede sind ähnlich groß (zwischen 52 und 62%).

Diese Aussage stützt sich nur auf bisher eine sequenzierte mitochondriale tRNA^{Phe} (Hefe). Dagegen enthält Tabelle 3 eine Auswertung der Basenhomologien aller bereits sequenzierten tRNA-Spezies (Gauss & Sprinzl 1981) aus Mitochondrien, Chloroplasten, Prokaryoten und eukaryotischem Cytosol.

Tabelle 3

Durchschnittliche prozentuale Homologien der Sequenzen mehrerer tRNA-Species aus Chloroplasten, Mitochondrien und dem Cytosol von eukaryotischen Zellen sowie von Prokaryoten (~ Eubakterien) bzw. Cyanobakterien.

A = Algen (Euglena); F = Pilze; P = Pflanzen; T = Tiere. Die Zahlen in Klammern bedeuten % Homologien nach Abzug der in allen tRNA-Sequenzen vorhandenen 23 invarianten Basen (vgl. Abb. 9); die V-Schleife wurde ebenfalls unberücksichtigt gelassen

Mitochondr. (F) — Cytosol (F)	50 (30)	Chloropl.	60 (43)
Mitochondr. (F) — Chloropl. (P)	55 (37)		
Mitochondr. (F) — Prokaryoten	57 (40)	Chloropl.	75 (65)
		Chloropl. — Cyanobakterien	85 (79)
		Chloropl. (P) — Chloropl. (A)	90 (86)
Mitochondr. (F)* — Mitochondr. (F)*	70 (58)	Chloropl. (P) — Chloropl. (P)	98 (97)

Cytosol — Prokaryoten	64 (50)
Cytosol (T) — Cytosol (F)	76 (66)
Cytosol (T) — Cytosol (P)	86 (80)
Cytosol (T) — Cytosol (T)	97 (96)

* *Saccharomyces* — *Neurospora* — *Aspergillus* untereinander verglichen.

Wie aus den hier ausgewählten Sequenzen hervorgeht, können die für $tRNA^{Phe}$ festgestellten zahlenmäßigen Homologien bestätigt, verallgemeinert und bezüglich der phylogenetischen Abstammung in einem Stammbaum (Abb. 11) dargestellt werden. Besonders auffällig ist die abgesonderte Stellung der Mitochondrien untereinander sowie zu den anderen Zelltypen oder zu den Chloroplasten. Gleichfalls offensichtlich ist die Ausnahmestellung der Archaebakterien; doch ist hier die Zahl der sequenzierten tRNAs noch zu gering, um bereits genauere Angaben machen zu können.

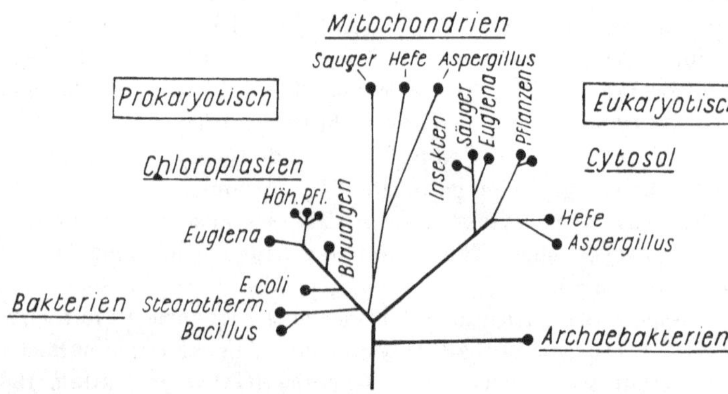

Abb. 11. Phylogenetische Beziehungen zwischen prokaryotischen Zellen, Chloroplasten, Mitochondrien und eukaryotischen Zellen (Cytosol), konstruiert an Hand bisher sequenzierter tRNA-Spezies.

Abstände und Zweiglängen des „Stammbaums" sind relativ und widerspiegeln keine Zeitangaben. Nach der tRNA-Sequenzsammlung von Gauss und Sprinzl (1981); (vgl. auch Tab. 3).

4.3. *Ribosomale RNA*

Der Aussagewert von Sequenzanalysen wird natürlich um so besser, je länger die zu vergleichenden Primärstrukturen sind. Ribosomale RNA als strukturelles Element der Ribosomen besteht aus sehr viel mehr Bausteinen als tRNA oder Cytochrom c.

Für das unmittelbare Verständnis des folgenden ist wichtig, daß es zwei verschiedene Klassen (Typen) von Ribosomen gibt, die sich in ihren Größen sowie in der Zusammensetzung ihrer molekularen Komponenten unterscheiden, nämlich 70S-Ribosomen in prokaryotischen Zellen, in Chloroplasten und Mitochondrien, 80S-Ribosomen im Cytoplasma aller eukaryotischen Zellen. Jedes Ribosom besteht aus zwei Untereinheiten und diese wiederum setzen sich aus einer unterschiedlichen Zahl von Bausteinen, ribosomaler RNA (rRNA)

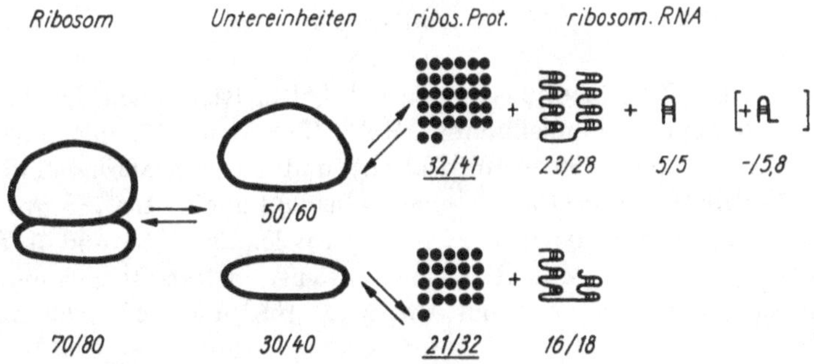

Abb. 12. Bestandteile der 70S (und 80S)-Ribosomen

Die Ribosomen können in 2 Untereinheiten und diese weiter in ihre Bausteine, RNA und ribosomale Proteine, reversibel dissoziiert werden. Die beiden Untereinheiten enthalten je eine hochmolekulare rRNA, die große Untereinheit eine niedermolekulare (5S) rRNA, eine zusätzliche 5,8S rRNA bei eukaryotischen 80S-Ribosomen. Zahlenangaben als S-Werte (S = Sedimentationskoeffizient), unter ribos. Prot. jedoch Anzahl der Proteine. Die jeweils erste Zahl gilt für prokaryotische, die zweite Zahl für eukaryotische Ribosomen. Aus ERDMANN et al. (1980), verändert

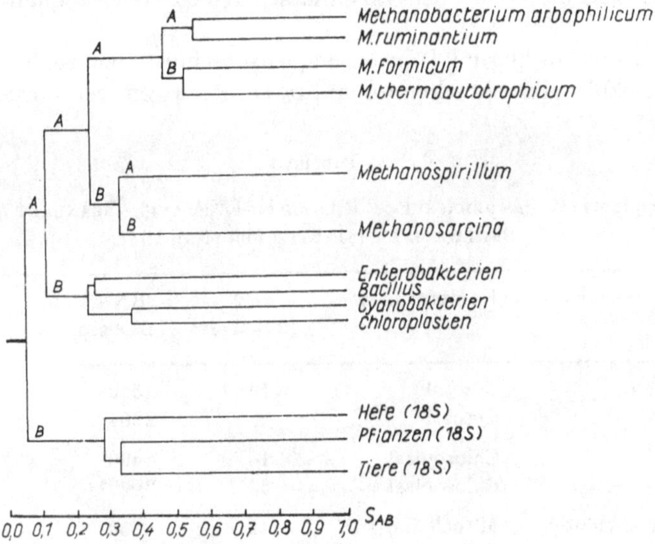

Abb. 13. Phylogenetische Beziehungen in einem Dendrogramm, abgeleitet aus der Nuclease-Spaltung von 16S rRNA (bei Eukaryoten 18S rRNA) und Vergleich der Spaltprodukte (verschiedene Oligonucleotide).

In der S_{AB}-Skala bedeuten die Zahlen zwischen 0,0 und 1,0 Assoziationskoeffizienten, die für jeden binären Vergleich A gegen B auf folgende Weise berechnet werden: $S_{AB} = 2N_{AB}/(N_A + N_B)$, wobei N_A, N_B und N_{AB} die Zahlen jener Basen sind, die in den Oligonucleotiden der rRNA aus Organismus A und B identisch sind (hexamere oder noch größere Oligonucleotide wurden nur herangezogen). Quotienten nahe 0 bedeuten geringe, solche nahe 1 zeigen hohe Homologien an. – Im oberen Teil sind die phylogenetischen Beziehungen zwischen Methanobakterien (Archaebakterien), im mittleren Teil zwischen Eubakterien (und Chloroplasten), im unteren Teil zwischen Eukaryonten (Cytoplasma-Ribosomen) angegeben.
Nach Ergebnissen von FOX et al. (1977), WOESE und FOX (1977), BONEN et al. (1979).

und ribosomalen Proteinen, zusammen (Abb. 12). Ribosomen der 70S-Klasse bestehen aus zwei hochmolekularen rRNA (23S und 16S, mit molekularen Massen von 1,1 und 0,56 $\times 10^6$ Dalton) und einer niedermolekularen 5S rRNA. 80S-Ribosomen besitzen je eine 25 bis 28S und 17 bis 18S große hochmolekulare rRNA und daneben zwei niedermolekulare (5S und 5,8S). Eine Ausnahme bilden die „Mini-Ribosomen" (55S) in den Mitochondrien der Tiere, deren hochmolekulare rRNA-Spezies 16S und 12S groß sind (vgl. Tab. 4).

Die ersten Ansätze zur Verwendung von rRNA-Strukturen für die stammesgeschichtlichen Beziehungen der Organismen wurden von WOESE und Mitarbeitern gemacht (Fox et al. 1977, WOESE und Fox 1977). Sie zerlegten die rRNA durch Nucleasen in oligomere Abschnitte und verglichen die Reihenfolge der Basen in den einzelnen Oligomeren sowie deren Anzahl z. B. in 16S rRNAs aus verschiedenen Organismen. Im resultierenden Dendrogramm (Abb. 13) ließen sich die Grade der Verwandtschaftsbeziehungen quantitativ ausdrücken.

Aber erst die Aufklärung längerer Sequenzabschnitte und schließlich ganzer rRNA-Moleküle erbrachte klare quantitative Aussagen. So wurde z. B. ge-

Tabelle 4

Bereits sequenzierte hochmolekulare Ribosomen-RNA (vgl. BRANLANT et al. 1981, BRIMACOMBE 1981, STIEGLER et al. 1981)

Organismus	Kompartiment	rRNA S-Wert	rRNA Basenzahl
E. coli	Cytosol	16	1542
	Cytosol	23	2904
Mais	Chloroplast	16	1490
	Chloroplast	23	3079*
Maus, Mensch	Mitochondrien	12	955
	Mitochondrien	16	1559
Hefe	Mitochondrien	15	1661
	Mitochondrien	26	3500
Hefe	Cytosol	18	1790
	Cytosol	28	4000
Pflanzen, Tiere	Cytosol	17–18	1750–1850
	Cytosol	25–28	3500–4000

* Enthält 4.5S rRNA.

funden, daß die 16S rRNA aus dem Darmbakterium *Escherichia coli* (*E. coli*) und Chloroplasten von Mais zwar „nur" 75% homolog in ihren Primärstrukturen sind (SCHWARZ und KÖSSEL 1980), die Sekundärstrukturen bestimmter rRNA-Regionen weisen jedoch Identität auf (Abb. 14).

Von den mittlerweile vollständig sequenzierten rRNA-Molekülen wurden Sekundärstruktur-Modelle entworfen (STIEGLER et al. 1981, BRANLANT et al. 1981, ZWIEB et al. 1981). Abb. 15 veranschaulicht die hochgeordnete Sekundärstruktur der 16S rRNA von *E. coli*. Die homologe rRNA aus Mais-Chloroplasten ist 50 Basen kürzer als die 16S rRNA von *E. coli*, doch ihre Sekundärstrukturen scheinen identisch zu sein (Abb. 15). Ferner zeigte sich, daß auch andere rRNA-Moleküle der 16S-Klasse (12S bis 18S) auf eine gemeinsame Sekundärstruktur angepaßt werden können, obwohl die Moleküle verschieden lang sind und der Anteil homologer Basen unterschiedlich hoch ist. Alle diese Strukturen enthalten wohldefinierte Domänen mit äquivalenten Sequenzen (Abb. 16). So gibt es bemerkenswerte strukturelle Ähnlichkeiten zwischen

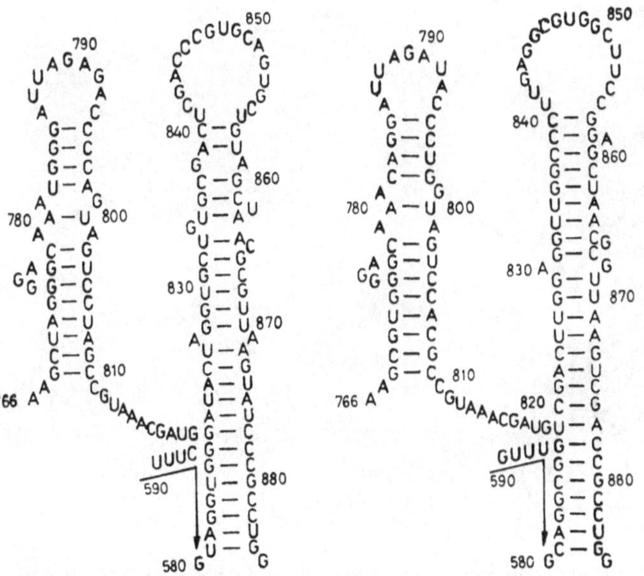

Abb. 14. Vergleich der Sekundärstruktur eines Abschnittes der 16S rRNA aus Mais-Chloroplasten (links) und *E. coli* (rechts).

Ausgewählt wurden je ein Abschnitt aus der Molekülmitte der gleichen Basenpositionen. Obgleich Basenunterschiede in einer Reihe homologer Positionen bestehen, zeigen die postulierten Sekundärstrukturen identische Züge („Haarnadelschleifen").
Aus SCHWARZ und KÖSSEL (1980).

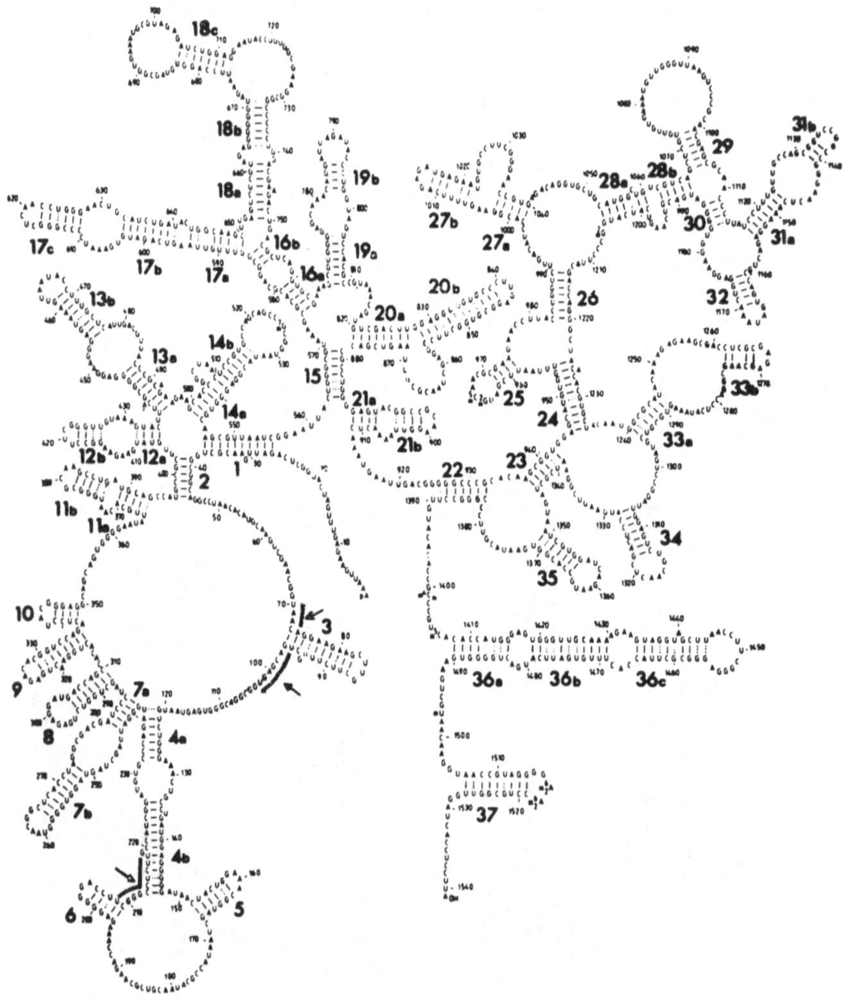

Abb. 15. Primär- und Sekundärstruktur der vollständigen 16S rRNA aus *E. coli*.

Das Molekül besteht aus 1541 Basen, die entweder gepaart in Doppelstrang- oder einzeln in Schleifenabschnitten vorliegen. Die Sekundärstruktur der vollständigen 16S rRNA aus Mais-Chloroplasten ist praktisch identisch, obwohl nur 75% Basenhomologien in den Primärsequenzen vorhanden sind. Der 16S rRNA aus Chloroplasten fehlen 50 Basen gegenüber der rRNA aus *E. coli* (hier durch Pfeile und Balken angedeutet). Aus STIEGLER et al. (1981) wenig verändert.

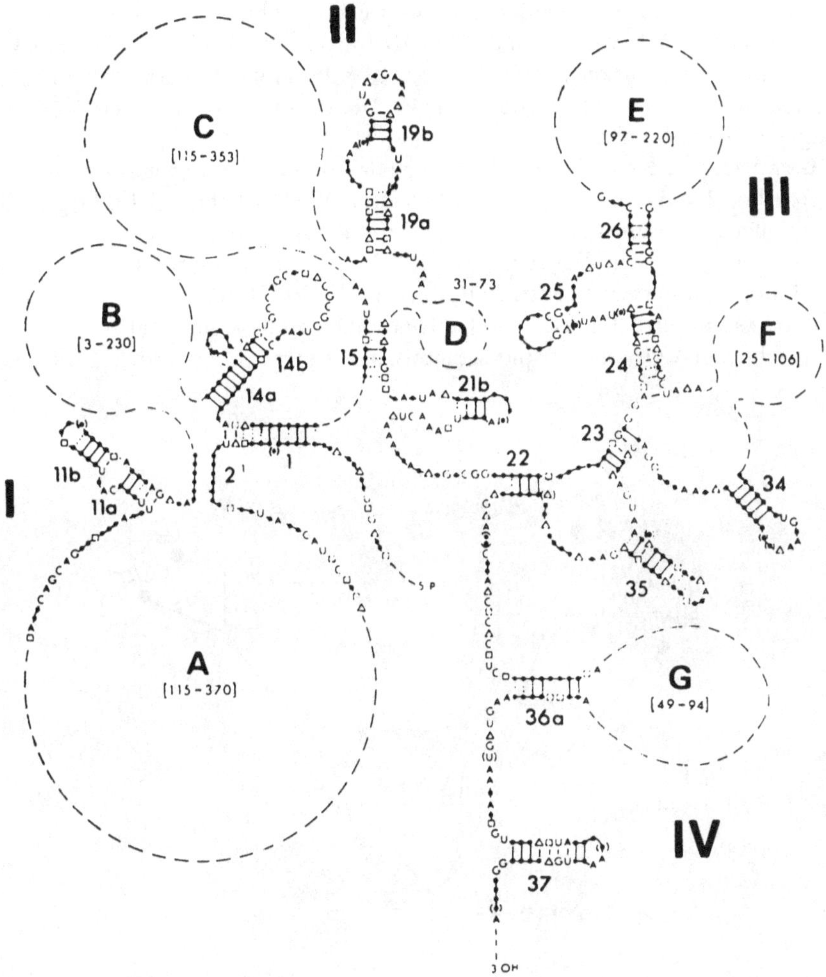

Abb. 16. Modell der Sekundärstruktur von hochmolekularer rRNA aus der kleinen ribosomalen Untereinheit (16S rRNA-Klasse) verschiedener Herkunft.

Das Molekül ist in Domänen eingeteilt (I–IV, A–G); in den kleineren rRNAs (z. B. 12S rRNA aus Säugetier-Mitochondrien) können ganze Domänen fehlen, ohne die „Grundstruktur" zu verändern. Invariante Basen in allen bisher sequenzierten rRNAs der 16S-Klasse sind durch Buchstaben gekennzeichnet; daneben gibt es semi-invariante Basen (□, Purinbasen; △, Pyrimidinbasen).
Aus STIEGLER et al. (1981).

der 15S rRNA aus Hefe-Mitochondrien und der 16S rRNA aus *E. coli*, enthält die 12S rRNA der Mitochondrien von Säugetieren trotz erheblicher Sequenzunterschiede Domänen identischer oder ähnlicher Strukturregionen wie die 16S rRNA von *E. coli*. Eine Reduktion in der Größe der Moleküle führte in der Evolution demnach nicht über Basenverluste an vielen Stellen, sondern über eine Amputation ganzer Domänen, also einer Deletion von längeren Genabschnitten.

Damit zeigt sich am Beispiel der hochmolekularen rRNA noch überzeugender als bei den tRNAs und der niedermolekularen 5S rRNA (hier nicht dargestellt), in welcher bemerkenswerten Weise die Primär- und noch mehr die Sekundärstrukturen wichtiger Bauelemente des Translationsapparates während der Evolution konserviert worden sind, um die für Erhaltung des Organismus und der Art essentiellen Funktionen der Ribosomen zu gewährleisten.

Abschließend zu unseren phylogenetischen Betrachtungen über Organellen-

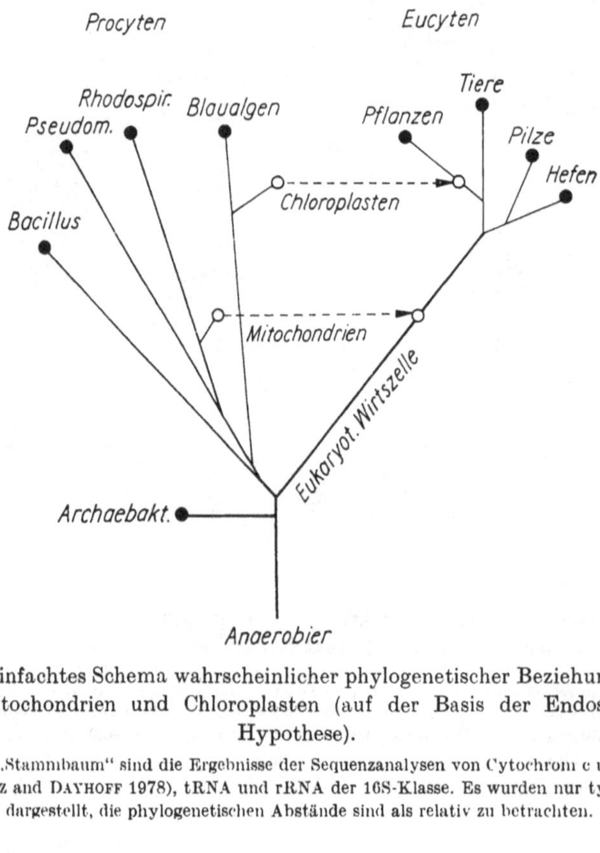

Abb. 17. Vereinfachtes Schema wahrscheinlicher phylogenetischer Beziehungen zwischen Procyten, Mitochondrien und Chloroplasten (auf der Basis der Endosym- bionten-Hypothese).

Basis für diesen „Stammbaum" sind die Ergebnisse der Sequenzanalysen von Cytochrom c und anderen Proteinen (SCHWARTZ and DAYHOFF 1978), tRNA und rRNA der 16S-Klasse. Es wurden nur typische Vertreter dargestellt, die phylogenetischen Abstände sind als relativ zu betrachten.

und Zellherkunft seien zusammenfassend drei Aspekte hervorgehoben, die aus dem Stammbaum in Abb. 17 abgelesen werden können:

1. Die phylogenetische Abzweigung der eukaryotischen Zelle von der prokaryotischen Zelle dürfte auf eine sehr frühe Differenzierung unter den anaeroben Proto-Karyoten oder „Urkaryoten" zurückzuführen sein, da beide Zelltypen ein einheitliches Prinzip der Genexpression mit einheitlichen Grundstrukturen (hier: invariante Basen) aufweisen.
2. Die exogene Herkunft der Chloroplasten aus altertümlichen Blaualgen (und möglicherweise anderen photosynthetischen Bakterien) besitzt ein Höchstmaß an Wahrscheinlichkeit.
3. Die phylogenetische Abstammung der Mitochondrien ist weit weniger klar, weil die Genome dieser Organellen in verschiedenen Organismen stark variieren. In überwiegender Meinung wird jedoch ein exogener Ursprung favorisiert, wobei Symbiontenaufnahmen mehrfach stattgefunden haben könnten, die weit früher zurückliegen sollten als die Einverleibung von Blaualgen als Vorläufer der Chloroplasten (vgl. folgendes Kapitel).

5. Die komplizierte Stellung der Mitochondrien in der Zellevolution

Im Gegensatz zu überzeugenden Argumenten der Endosymbionten-Hypothese für die Chloroplasten, die durch Sequenzhomologien in Makromolekülen aus Cyanobakterien und Chloroplasten sowie durch weitere biochemische und cytologische Ähnlichkeiten eindrücklich unterstützt werden (vgl. PARTHIER 1981), bleibt eine exogene Herkunft der Mitochondrien aus Procyten (z. B. MARGULIS 1970, WOESE 1977, WHATLEY et al. 1979) nicht unwidersprochen. Besonders MAHLER und RAFF (1975) haben eine Reihe von Gegenargumenten vorgebracht (vgl. auch MAHLER 1980), welche eine endogene Kompartimentierung bevorzugen.

Das Problem der phylogenetischen Abstammung der Mitochondrien wird durch die genetische Variabilität dieser Organellen (BORST 1980) in verschiedenen Eukaryoten-Stämme erschwert. So gibt es bemerkenswerte Unterschiede in den Genomgrößen bzw. den molekularen Massen der DNA aus Mitochondrien der Tiere ($\sim$ 10 Millionen Dalton), der Pilze (20 bis 60 Millionen), der Protozoen (20 bis 35 Millionen) und der Pflanzen (70 bis 100 Millionen). Offensichtlich sind die Genome der tierischen Mitochondrien sehr „ökonomisch" organisiert: Die Genfolgen in den DNA-Molekülen sind lückenlos; es gibt kaum Basen, die keiner genetischen Funktion zuzuordnen wären. Dieser Mitochondrientyp besitzt eine genetische Minimalstruktur, die notwendig ist, um die Seminautonomie der Organellen zu erhalten. Ihre Codierungskapazität ist auf die Gene der beiden ribosomalen RNA, etwa 22 Gene für tRNA und 7—10 Gene für Polypeptide in den Innenmembranen der Organellen beschränkt. Interessanterweise codieren die weit größeren Mitochondrien-Genome der Pilze und Pflanzen (letztere sind allerdings kaum untersucht) auch nicht mehr RNA- bzw. Protein-Arten.

Es gibt daher zwei Denkmöglichkeiten zur Mitochondrien-Evolution. Entweder wurden die Genome der tierischen Mitochondrien im Zuge der Evolution zu einer essentiellen „Minimalstruktur" reduziert, während die der Pilze und besonders der Pflanzen ihre ursprünglichen Größen beibehielten, oder die DNA der tierischen Mitochondrien enthält die ursprüngliche Codierungs-Kapazität, wogegen pilzliche und pflanzliche Mitochondrien-Genome durch Genverdopplung oder Insertion von Sequenzen vergrößert wurden. Manche dieser „zusätzlichen" DNA-Abschnitte[2] mögen Makromoleküle mit regulatorischen Eigenschaften codieren und sind wegen ihrer geringen Menge schwer nachweisbar.

Unsere zweite Annahme käme wohl eher für eine endogene Herkunft der Mitochondrien bzw. deren Genome in Frage als die erste. Aber man kann das Gedankenspiel genau so gut umkehren und im Sinne einer exogenen Herkunft argumentieren, da wir nicht wissen, ob die Genome der Mitochondrien und des Zellkerns gleichen oder vielleicht sehr verschiedenen Evolutionsgeschwindigkeiten unterworfen gewesen sind. Es ist gleichfalls unbekannt, ob die Evolution der Mitochondrien (entweder aus symbiontischen Ur-Procyten oder durch endogene Segregation des Wirtszellengenoms) mit reduktivem Vorzeichen verlaufen kann, da der Evolutionsdruck in einem intrazellulären Milieu völlig anders sein mag als unter den Bedingungen eines externen Milieus.

Nach den vorläufigen Erkenntnissen über die DNA pflanzlicher Mitochondrien scheinen diese den Genomen der Prokaryoten noch am nächsten zu stehen, zumindest in den Größenverhältnissen. Sie könnten Gene enthalten, die in tierischen und pilzlichen Mitochondrien fehlen und in den Kernen dieser Organismen lokalisiert sind.

Außer unterschiedlichen Genomgrößen und Genanordnungen in den Mitochondrien der verschiedenen Organismen hat der „besondere" genetische Code der Mitochondrien viel Aufsehen erregt, denn einige Code-Wörter weichen vom „universellen Alphabet" des genetischen Code ab (vgl. Tab. 5). Interessanterweise gibt es dabei Unterschiede zwischen Mitochondrien aus Tieren, Hefe und anderen Pilzen (BARRELL et al. 1979, BONITZ et al. 1980). Solche Unterschiede zwischen den Codes rezenter Mitochondrien und rezenter Eukaryoten-Kerne werden mit einer differentiellen Entstehung aus dem „Ur-Code"-Muster in Verbindung gebracht (LAGERKVIST 1981), was als Argument für eine außerordentlich frühe endogene DNA-Segregation oder exogene Inkorporation eines Mitochondrien-Vorläufers benutzt werden könnte. In diesem

[2] Bei der Mitochondrien-DNA der Hefe ist sicher, daß größere „Introns" in den Genen existieren (BORST 1980; vgl. Kap. 6).

Tabelle 5

Code-Wörter in Mitochondrien, die von den entsprechenden Tripletts im universellen genetischen Code abweichen.
stop = Terminationscodon, das die Synthese der Polypeptidkette beendet

mRNA Code-Wort	Codierte Aminosäure		
	Universell	Mitoch. Säuget.	Mitoch. Hefe
AUA	Ile	Met	Ile
CUA	Leu	Leu	Thr
AGA	Arg	stop	
AGG	Arg	stop	
UGA	stop	Trp	Trp

Zusammenhang wird sogar an freilebende archaische „Mitobionten" gedacht, die den „Proto-Eubionten" und „Proto-Probionten" gegenübergestellt werden. Wo ordnen wir dann die Archaebakterien ein? Das Feld der Spekulation erscheint hier zur Zeit noch grenzenlos.

Die erheblichen Abweichungen in den Basensequenzen der mitochondrialen tRNA im Vergleich zu jenen aus eukaryotischem Cytoplasma, Prokaryoten und Chloroplasten (Tab. 3) wurden bereits kommentiert (vgl. auch PARTHIER 1982). Aber die Situation wird noch verwirrender durch neuere Befunde, wonach in Säugetier-Mitochondrien eine ganze Region (die D-Schleife) in einigen tRNA-Strukturen fehlen kann (DE BRUIJN et al. 1980), die normalerweise hochgradig konserviert ist. In diesem Fall sollte die Funktion des Moleküls als tRNA gefährdet sein (die L-Form der Raumstruktur kann nicht gebildet werden), sofern nicht eine neue Konformationslösung gefunden wurde, die der Funktion Rechnung trägt.

Es ist also denkbar, daß neben überzeugenden Hinweisen auf phylogenetische Verwandtschaftsbeziehungen verschiedener tRNA-Familien auf der Basis von Sequenzhomologien (CEDERGREN et al. 1980) auch funktionell bedingte, adaptive Konvergenz-Aspekte mit einbezogen werden müssen. Möglicherweise spielen solche Gesichtspunkte bei der Ableitung der Proteinfamilien wie für Cytochrom c (DAYHOFF 1976) eine stärkere Rolle als bisher von den Anhängern der Endosymbionten-Hypothese angenommen wurde, obgleich die erstaunliche Übereinstimmung der aus verschiedenen Strukturen (mehrere Proteine, tRNA, 5S-rRNA) konstruierten phylogenetischen Stammbäume die Herkunft der Mitochondrien aus vorzeitlichen prokaryotischen Zelltypen, ähnlich z. B. den *Rhodospirillaceae* (SCHWARTZ und DAYHOFF 1978) bzw. *Paracoccus*

(WHATLEY et al. 1979) zu begünstigen scheint. Auch die oben erwähnten Sequenzhomologien zwischen den hochmolekularen rRNA-Spezies aus Mitochondrien und Prokaryoten unterstützen die Hypothese einer exogenen, möglicherweise polyphyletischen Herkunft dieser Organellen unter Voraussetzung eines sehr langen Domestikationsprozesses, der zu den variablen Ausprägungsformen rezenter Mitochondriengenome geführt hat. DICKERSON (1980) betont, daß die Atmung mehrfach in verschiedenen Bakterienlinien entwickelt worden sei, von denen jene Purpurbakterien oder Pseudomonaden (*Paracoccus*) in Prä-Eucyten zu Mitochondrien umgewandelt worden wären, die freilebend noch Cytochrome als Elektronentransportmoleküle sowohl in der Atmung als auch in der Photosynthese genutzt hätten, aber schließlich nach der Symbiose die photosynthetische Fähigkeit verloren hätten. Es sei, so resümiert DICKERSON, ein ernüchternder Gedanke, daß der Mensch der metabolische Nachkomme eines defekten Photosynthese-Bakteriums ist.

6. Mutationen, gespaltene und springende Gene

Alle hier vorgestellten und die vielen nicht genannten Ergebnisse der makromolekularen Sequenz-Analytik täuschen nicht über ihren letztlich doch der skriptiven Charakter hinweg. Die Frage nach den Ursachen der Evolution auf molekularer Ebene bleibt. Kommen wir weiter, wenn wir uns zunächst klarzumachen versuchen, was wir unter Evolution verstehen?

Bisher haben wir vermieden, eine Definition der Evolution im allgemeinen und der biologischen Evolution im speziellen zu geben. Sie wird je nach Fachgebiet auch etwas verschieden ausfallen. So hat die Beschäftigung theoretischer Physiker und Physikochemiker mit Selbstorganisation, Informationstheorie und dissipativen Strukturen zu einer Überphysikalisierung des DARWINschen Entwicklungsgedankens geführt. Sicher ist es richtig, daß die Gesetze der Physik auch im Bereich der Evolution uneingeschränkt gültig sind, aber die Physik allein ist nicht in der Lage, das Wesen der äußerst komplexen biologischen Evolution zu ergründen. Daher gestehen Physiker selbst ein, daß es „nicht das Anliegen des Physikers sein kann, DARWIN auf PRIGOGINE zurückzuführen“ (EBELING & FEISTEL 1982).

Biologische Evolution beruht auf irreversiblen Prozessen und auf qualitativen, diskreten Übergängen im Genotyp, die sich besonders auffällig im Phänotyp in immer neuen Mustern ausprägen. Die Tendenz von niederer zu höherer Qualität dominiert eindeutig, obgleich Stagnation und Rückentwicklung zu einfachen, scheinbar primitiven Mustern möglich sind. Sehr vereinfacht ausgedrückt, diese Prozesse werden durch das Wechselspiel von Mutation und Selektion bewirkt, das sich als ein Wechselspiel zwischen Genotyp und Phänotyp, zwischen Nucleinsäuren und Proteinen zu erkennen gibt und schließlich meßbar wird. Es ist hier unmöglich, mehr zur Selektionsseite zu sagen, aber wir müssen den Mutationen einige Betrachtungen schenken, weil Mutationen die einzige Quelle sind für das Auftreten neuer biologischer Strukturen und neuer biologischer Informationen (Mayr 1975, Eigen 1980).

Die materielle Basis der Mutabilität ist die komplementäre Struktur der DNA-Helix. Mutationen, d. h., die Entstehung zufälliger alternativer Möglichkeiten durch Verlust, Ersatz oder Einfügung eines anderen Bausteins oder einer anderen Bausteingruppe der DNA werden demgemäß entsprechende Veränderung in den Tochtergenerationen hervorgerufen. Zum größten Teil sind Mutationen mit negativen Eigenschaften behaftet; diese Mutanten können sich gegenüber dem Wildtyp nicht durchsetzen, sterben wieder aus. Allein jene wenigen Innovationen haben eine Chance sich fortzupflanzen, wenn sie mit Eigenschaften gekoppelt sind, die dem Selektionsdruck in einer Population zu widerstehen vermögen oder der Mutante Vorteile verschaffen. Nur dann wird eine neue Art geboren. Man sollte sich stets vor Augen halten, daß nach dem zufälligen Entstehen einer Mutation die notwendige Selektion kein deterministischer, sondern ein probabilistischer Vorgang ist.

Die meisten Evolutionsforscher haben bisher angenommen, daß Mikromutationen (Punktmutationen) durch Deletion, Addition oder Substitution von einzelnen Nucleotiden die Evolutionsraten bestimmen könnten, weil Abänderungen im Code-Muster und damit im Aminosäure-Muster von Proteinen induziert werden. Aber schon De Vries führte Anfang dieses Jahrhunderts Artneubildung auf Großmutationen zurück, und Rekombination von Genen gehörte bald zur Lehrmeinung der klassischen Genetik. Doch nachdem man gelernt hatte, was genetische Information ist und daß ein Gen ein

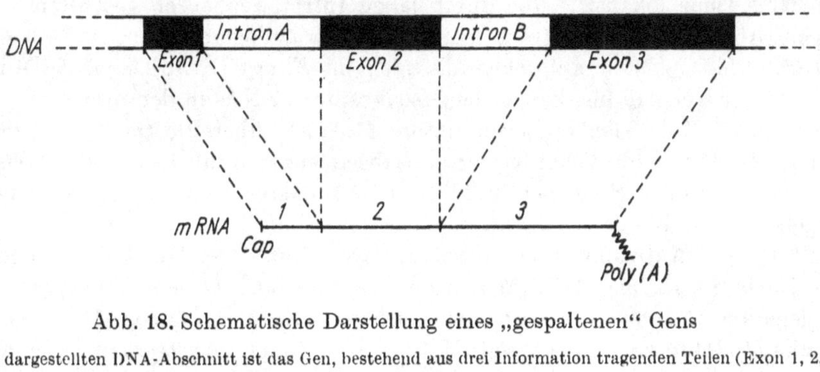

Abb. 18. Schematische Darstellung eines „gespaltenen“ Gens

Im dargestellten DNA-Abschnitt ist das Gen, bestehend aus drei Information tragenden Teilen (Exon 1, 2, 3), durch zwei Introns (A, B) geteilt. Nach oder noch während des Transkriptionsprozesses werden die 3 Exon-Produkte zur mRNA verschmolzen. Cap = 5′-Ende, poly(A) = 3′-Abschnitt der mRNA. Die Poly(A)-Sequenz wird erst nach der Transkription von einem spezifischen Enzym an die mRNA anpolymerisiert. Verändert nach Crick (1979).

Protein determiniert, traten Makromutationen in den Hintergrund, sie paßten schlecht in die „klassische" Molekularbiologie der 50er und 60er Jahre.

Es gehört daher zu den wirklich aufregenden Entdeckungen der letzten Zeit, daß eine molekulare Kontinuität der Gene und Genome in weiten Bereichen nicht existiert und daß die bisherigen Annahmen fester Positionen der Gene in den Chromosomen wohl weitgehend revidiert werden dürften. Die Existenz von „gespaltenen Genen" und „springenden Genen" (Transposons) stellen zwei Phänomene dar, die nicht nur das Weltbild der Genetiker zu erschüttern im Begriffe sind, sondern die auch ganz neue Gesichtspunkte in den Evolutionsmechanismus hineintragen.

Eingelagerte DNA-Sequenzen (Introns), die Gene mehrfach zu spalten vermögen, wurden gefunden, weil die genetische Potenz der Genome viel größer ist als ihr wirklich genutzter Informationsgehalt. Solche Introns können die Information tragenden Genabschnitte (Exons) um ein Mehrfaches an Länge übertreffen. Der vollständige lückenlose Informationsgehalt des Gens wird auf der Stufe der RNA wiederhergestellt, indem die Intronabschnitte ausgeschnitten und die Exon-Produkte z. B. zu mRNA-Sequenzen zusammengefügt (gespleißt) werden (Abb. 18). Es ist unbekannt, wie diese komplizierten, enzymatisch katalysierten Auftrenn- und Wiederverschmelzungsvorgänge wirkungsvoll reguliert werden. Hypothesen über den Sinn dieses Prozesses gibt es einige, z. B. Notwendigkeit für den RNA-Transport aus dem Zellkern, multiple Synthese von mRNA aus einem Gen, usw. (CRICK 1979; BORST 1981), aber eine beweisbare Erklärung liegt zur Zeit noch nicht vor.

Ein bemerkenswertes Beispiel gespaltener Gene wurde für zwei tRNA-Gene im Genom der Mais-Chloroplasten gefunden (KOCH et al. 1981). Im Zwischenraum (Spacer) zwischen den Genen für die 16S und 23S rRNA sind Ala- und Ile-tRNA-Gene lokalisiert, die durch lange Intron-Sequenzen gespalten vorliegen (Abb. 19). Keine Introns treten in den homologen Genabschnitten aus *Euglena*-Chloroplasten auf, ebenfalls nicht in *E. coli*-DNA. Die große Ähnlichkeit der Genorte für die gleichen Isoakzeptor-tRNAs in den drei verschiedenen DNA-Molekülen ergänzen unsere Beispiele über die phylogenetische Verwandtschaft und die konservierten Gensequenzen in überzeugender Weise, aber offenbar entwickeln sich individuelle Genmuster, wenn die strukturellen Gegebenheiten dies erlauben.

Noch mehr Aufregung brachte das „jüngste Kind" der Molekularbiologen, der Nachweis mobiler DNA-Sequenzen („springender Gene", Transposons), obgleich die phänomenologische und genetische Entdeckung sog. Mosaikgene bereits 50 Jahre zurückliegt (vgl. MCCLINTOCK 1951). Hier werden DNA-Abschnitte aus Chromosomen herausgelöst und an anderen Stellen desselben Chromosoms oder in andere Chromosomen eingepflanzt und genetisch zur Ausprägung gebracht. Dieses Herausschneiden und Einfügen von DNA vermag verschiedene Arten von Chromosomenaberrationen zu induzieren und neue Regulationssequenzen aufzubauen. Erst mit Hilfe der neuen Methoden der Gentechnik lernen wir auch in molekularer Hinsicht verstehen, wie Mosaikgene zustande kommen.

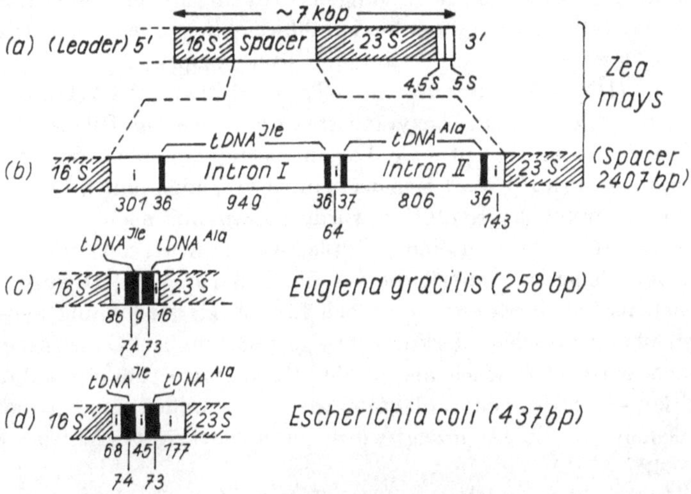

Abb. 19. Beispiel „gespaltener" tRNA-Gene im Genom von Mais-Chloroplasten.

Eine in der Basenzahl stark variierende Sequenz (Spacer) zwischen den beiden Genen für die 16S und 23S rRNA ist in beiden Chloroplasten-Genomen und im Genom von *E. coli* nachweisbar, die in allen drei Fällen die Gene für $tRNA^{Ile}$ und $tRNA^{Ala}$ beherbergt. Diese beiden Gene sind in (b) durch sehr lange Intron-Sequenzen (I bzw. II) geteilt. Die Zahlen unter den Spacer-Abschnitten geben Basenpaare (bp) im DNA-Doppelstrang an; i bedeutet Zwischengen-Abschnitte ohne bisher erkennbare Funktion.
Nach Koch et al. (1981) stark modifiziert, aus Parthier (1982).

Die Existenz solcher transponierbaren genetischen Elemente (Calos & Miller 1980, Geissler 1982) läßt die genetische Variabilität als eine der Ursachen der Evolution durch ungeahnte Rekombinationsmöglichkeiten in einem neuen Lichte erscheinen. Nicht nur völlig andere Genkombinationen könnten zur Entstehung neuer Organismen beigetragen haben, die Gangfrequenzen aller bisher konstruierten „Evolutionsuhren" werden fragwürdig. Chromosomen können eine Vielzahl solcher Insertionen enthalten, z. B. bestehen in den Riesenchromosomen der Fruchtfliege *Drosophila* mehr als 5% der DNA aus transponierbarer DNA.

Die Genome sind offenbar instabiler und „plastischer" als bisher angenommen, was Genübertragungen auch über Speziesgrenzen hinweg sehr wohl in den Bereich des Möglichen rückt. Damit steht eine weitere Erklärungsmöglichkeit für die Evolution zu Diskussion, z. B. für die Herkunft der Organellengene.

7. Zusammenfassende Schlußbemerkung

Die Evolution des Genotyps erscheint uns als ein weitgehend bewahrtes zentrales Thema mit einer Fülle von Variationen im Detail. In den essentiellen, für die Erhaltung des Lebens notwendigen Strukturanteilen von Gensequenzen kann sich die Natur keine tiefgreifenden Abweichungen erlauben. Die makromolekulare Organisation zur Weitergabe und Ausprägung der genetischen Information (DNA-Replikation und -Transkription, RNA-Translation zu Proteinen, die dazugehörige Enzymausstattung sowie die Ribosomen) wurde vielleicht nur einmal als optimale Variante erfunden, denn das strukturelle und funktionelle Prinzip zieht sich wie ein roter Faden einheitlich durch alle Lebewesen. Während der Evolution wurde hieran nur noch vervollkommnet (z. B. der primitive Code zu einem Triplett-Code entwickelt) oder es wurden Basen in den Genen verändert, die für die Erhaltung des Organismus bzw. der Art nebensächlich waren, die jedoch für die Herausbildung neuer Arten mit neuen phänotypischen Merkmalen beigetragen haben. Dabei könnte Evolution nach einem Grundschema in der Reihenfolge Genduplikation—Gentransposition—Gendivergenz ablaufen, wie dies kürzlich an den meistuntersuchten Genen der Globine gezeigt wurde (cf. Fortschrittsbericht in „Science" 214, 426—427, 1982).

Noch wissen wir im molekularen Detail nur wenig über Mikro- und Makromutationen, über die Wechselbeziehungen zwischen genetischer Variabilität und umweltbedingter Selektion, um uns ein allgemein gültiges Bild über die die biologische Evolution vorantreibenden kausalen Mechanismen machen zu können. Man wird daher gespannt auf die weiteren Ergebnisse der Molekularbiologie, Genetik und Biochemie warten.

LITERATUR

BARRELL, B. G., A. T. BANKIER, and J. DROUIN: A different genetic code in human mitochondria. Nature **282**, 189–194 (1979).

BONEN, L., W. F. DOOLITTLE, and G. E. FOX: Cyanobacterial evolution: result of 16S ribosomal ribonucleic acid sequence analysis. Can. J. Biochem. **57**, 879–888 (1979).

BONITZ, S. G., R. BERLANI, G. CONIZZI, M. LI, G. MACINO, F. G. NOBREGA, M. P. NOBREGA, B. E.THALENFELD, and A. TSAGOLOFF: Codon recognition rules in yeast mitochondria. Proc. Natl. Acad. Sci. USA **77**, 3167–3170 (1980).

BORST, P.: The optional introns in yeast mitochondria. In: Biological Chemistry of Organelle Formation (Edit. Th. BÜCHER et al.), pp. 27–41. Springer-Verl., Berlin—Heidelberg—New York 1980.

BÖRNER, T., and R. HAGEMANN: Die Evolution der eukaryotischen Zelle. Hypothesen zur Entwicklung von Chloroplasten, Mitochondrien und Zellkern der Eukaryoten-Zelle. Biol. Rundsch. **14**, 249–268 (1976).

BRANLANT, C., A. KROL, M. A. MACHATT, J. POUYET, J. P. EBEL, K. EDWARDS, and H. KÖSSEL: Primary and secondary structures of E. coli MRE 600 23S ribosomal RNA. Comparison with models of secondary structure for maize chloroplast 23S rRNA and for large portions of mouse and human 16S mitochondrial rRNA. Nucleic Acids Res. **9**, 43-3-4324 (1981).

BRIMACOMBE, R.: Secondary structure and evolution of ribosomal RNA. Nature **294**, 209–210 (1981).

CALOS, M. P., and J. H. MILLER: Transposable elements. Cell. **20**, 579–595 (1980).

CEDERGREN, R. J., B. LA RUE, D. SANKOFF, G. LAPALME, and H. GROSJEAN: Convergence and minimal mutation criteria for evaluating early events in tRNA evolution. Proc. Natl. Acad. Sci. USA **77**, 2791–2795 (1980).

CRICK, F.: Split genes and RNA splicing. Science **204**, 264–271 (1979).

DE BRUIJN, M. H. L., P. H. SCHREIER, I. C. EPERON, B. G. BARRELL, E. Y. CHEN, P. W. ARMSTRONG, J. F. H. WONG, and B. A. ROE: A mammalian mitochondrial serine transfer RNA lacking the "dihydrouridine" loop and stem. Nucleic Acids Res. **8**, 5213–5222 (1980).

DAYHOFF, M. O.: The origin and evolution of protein superfamilies. Fed. Proceed. **35**, 2132–2138 (1976).

DICKERSON, R. F.: Cytochrome c and the evolution of energy metabolism. Scient. American **242**, 136–152 (1980)

DOOLITTLE, W. F.: Revolutionary concepts in evolutionary cell biology. Trends Biochem. Sci. **5**, 146–149 (1980).

EBELING, W., and R. FEISTEL: Physik der Selbstorganisation und Evolution. Akademie-Verlag, Berlin 1982.

EIGEN, M.: Molekulare Selbstorganisation und Evolution. Nova Acta Leopold. **37**, 172–223 (1972).

EIGEN, M.: Das Urgen. Nova Acta Leopold. N. F. **52**, 1–40 (1980).

EIGEN, M., and R. WINKLER-OSWATITSCH: Transfer-RNA: The early adaptor. Die Naturwissensch. **68**, 217–228 (1981).

ERDMANN, V. A., B. APPEL, M. DIGWEED, D. KLUWE, S. LORENZ, A. LÜCK, A. SCHREIBER, and L. SCHUSTER: Structure and function of 5S and 5.8S ribosomal RNAs. In: Genetics and Evolution of RNA Polymerase, tRNA and Ribosomes (Edit. S. OSAWA et al.), pp. 553–568. Tokyo and Amsterdam 1980

FOX, G. E., L. J. MAGRUM, W. E. BALCH, R. S. WOLFE, and C. R. WOESE: Classification of methanogenic bacteria by 16S ribosomal RNA characterization. Proc. Natl. Acad. Sci. USA **74**, 4537–4541 (1977).

GAUSS, D. H., and M. SPRINZL: Compilation of tRNA sequences. Nucleic Acids Res. **9**, r1–r23 (1981).

GEISSLER, E.: Movable DNA elements and evolution. VIII. Kühlungsborner Kolloquium, im Druck.

KANDLER, O.: Archaebakterien und Phylogenie der Organismen. Naturwissensch. **68**, 183–192 (1981).

KAUDEWITZ, F.: Molekular- und Mikrobengenetik. Springer-Verl. Berlin–Heidelberg–New York 1973.

KAPLAN, R. W.: Der Ursprung des Lebens. 2. Aufl. Thieme-Verl. Stuttgart 1978.

KOCH, W., K. EDWARDS, and H. KÖSSEL: Sequencing of the 16S–23S spacer in a ribosomal RNA operon of Zea mays chloroplast DNA reveals two split tRNA genes. Cell. **25**, 203–213 (1981).

KUHN, H.: Selbstorganisation molekularer Systeme und die Evolution des genetischen Apparates. Angew. Chem. **84**, 838–865 (1972).

LAGERKVIST, U.: Unorthodox codon reading and the evolution of the genetic code. Cell **23**, 305–306 (1981).

MAHLER, H. R., and R. A. RAFF: The evolutionary origin of the mitochondrion: A nonsymbiotic model. Int. Rev. Cytol. **43**, 1–124 (1975).

MAHLER, H. R.: Nonsymbiotic hypothesis of mitochondrial origin and their relevance to cell research. In: Endocytology, Endosymbiosis and Cell Biology (Edit. W. SCHWEMMLER, and H. SCHENK), pp. 869–892 De Gruyter, Berlin–New York 1980.

MAYR, E.: Wie weit sind die Grundprobleme der Evolution gelöst? Nova Acta Leopold. N. F. **42**, 171–179 (1975).

MCCLINTOCK, B.: Chromosome organisation and genetic expression. Cold Spring Harbor Symp. Quant. Biol. **16**, 13–47 (1951).

NOVER, L., and H. REINBOTHE: Biochemistry of gene expression. In: Cell Differentiation (Edit. L. NOVER, M. LUCKNER and B. PARTHIER), pp. 23–74. Fischer-Verl. Jena 1982.

PARTHIER, B.: Zur Evolution von Chloroplasten und Mitochondrien. Nova Acta Leopold. N. F. **42**, 223–239 (1975).

PARTHIER, B.: Evolutionary aspects of gene expression organization in macro-compartments. In: Cell Compartmentation and Metabolic Channelling (Edit. L. NOVER, F. LYNEN and K. MOTHES), pp. 107–121. Jena und Amsterdam 1980.

PARTHIER, B.: Hypothese und Indizien zur Evolution der Zellorganellen (Ernst-Haeckel-Vorlesung). Veröffentl. Fr. Schiller-Universität, pp. 1–28. Jena 1981.

PARTHIER, B.: Transfer RNA and the phylogenetic origin of cell organelles. Biol. Zentralbl. **101**, 577–596 (1982).

REINBOTHE, H., and G. J. KRAUSS: Entstehung und molekulare Evolution des Lebens. Fischer-Verl. Jena 1982.

SCHWARTZ, R. M., and M. D. DAYHOFF: Origins of prokaryotes, eukaryotes, mitochondria, and chloroplasts. Science **199**, 395–403 (1978).

SCHWARZ, Z., and H. KÖSSEL: The primary structure of 16S rDNA from *Zea mays* chloroplast is homologous to *E. coli* 16S rRNA. Nature **283**, 739–742 (1980).

SCHWEMMLER, W.: Mechanismen der Zellevolution. De Gruyter, Berlin–New York. 1979.

STIEGLER, P., P. CARBON, J. P. EBEL, and C. EHRESMANN: A general secondary-structure model for prokaryotic and eukaryotic RNAs of the small ribosomal subunits. Eur. J. Biochem. **120**, 487–495 (1981).

WHATLEY, J. M., P. JOHN, and F. R. WHATLEY: From extracellular to intracellular: the establishment of mitochondria and chloroplasts. Proc. Royal Soc. London B **204**, 165–187 (1979).

WOESE, C. R.: Endosymbionts and mitochondrial origins. J. Mol. Evol. **10**, 93–96 (1977).

WOESE, C. R., and G. E. FOX: Phylogenetic structure of the prokaryotic domain: The primary kingdoms. Proc. Natl. Acad. Sci. USA **74**, 5088–5090 (1977).

WOESE C. R., L. J. MAGRUM, and G. E. FOX: Archaebacteria. J. Mol. Evol. **11**, 245–252 (1978).

ZWIEB, C., C. GLOTZ, and R. BRIMACOMBE: Secondary structure comparisons between small subunit ribosomal RNA molecules from six different species. Nucl. Acids Res. **9**, 3621–3640 (1981).

Band 113

Heft 1 Prof. Dr. ERICH LANGE, Allgemeingültige Veranschaulichung des II. Hauptsatzes
1978. 22 Seiten 10 grafische Darstellungen 8° M 4,–

Heft 2 Prof. Dr. HERBERT BECKERT, Bemerkungen zur Theorie der Stabilität
1977. 19 Seiten – 8° – M 2,50

Heft 3 Prof. Dr. sc. KLAUS DÖRTER, Probleme und Erfahrungen bei der Entwicklung einer intensiven landwirtschaftlichen Produkton im Landschaftschutzgebiet des Harzes
1978. 20 Seiten – 6 Abbildungen, davon 4 farbige auf 2 Tafen – 2 Tabellen – 8° – M 7,–

Heft 4 Prof. Dr. sc. med. HANS DRISCHEL, Elektromagnetische Felder und Lebewesen
1978. 31 Seiten – 14 Abbildungen – 2 Tabellen – 8° – M 5,–

Heft 5 Prof. Dr. MANFRED GERSCH, Wachstum und Wachstumsregulatoren der Krebse. Biologische Erkenntnisse und generelle Erwägungen
1979. 32 Seiten – 13 Abbildungen – 1 Tabelle – 8° – M 6,–

Heft 6 Prof. Dr. rer. nat. FRIEDRICH WOLF / Dr. rer. nat. URSULA KOCH, Über den Einfluß der chemischen Struktur von Dispersionsfarbstoffen auf deren Dispersionsstabilität
1979. 18 Seiten – 3 Abbildungen – 10 Tabellen – 8° – M 3,50

Heft 7 Prof. Dr. rer. nat. FRIEDRICH WOLF / Dr. rer. nat. WOLFGANG HEYER, Zur Sorption an Tetracalciumaluminathydroxysalzen 1980. 12 Seiten – 5 Abbildungen – 4 Tabellen – 8° – M 2,–

Band 114

Heft 1 Prof. Dr. HASSO ESSBACH, Morphologisches zur orthologischen und pathologischen Differenzierung und zum Anpassungs- und Abwehrvermögen der menschlichen Placenta
1980, 19 Seiten – 12 Abbildungen – 8° – M 4,–

Heft 2 Prof. Dr. med. WERNER RIES, Risikofaktoren des Alterns aus klinischer Sicht
1980. 19 Seiten – 9 Abbildungen, davon 1 Abbildung auf Tafel – 8° – M 4,–

Heft 3 Prof. Dr. OTT-HEINRICH KELLER, Anschaulichkeit und Eleganz beim Alexanderschen Dualitätssatz
1980. 19 Seiten – 8° – M 4,–

Heft 4 Prof. Dr. rer. nat. BENNO PARTHIER, Die cytologische Symbiose am Beispiel der Biogenese von Zellorganellen 1981. 29 Seiten – 16 Abbildungen – 2 Tabellen – 8° – M 6,–

Heft 5 Prof. Dr. F. WOLF / Dr. S. ECKERT / Dr. M. WEISE / Dr. S. LINDAU, Untersuchungen zur Synthese und Anwendung bipolarer Ionenaustauschharze 1980. 12 Seiten – 6 Tabellen – 8° – M 2,–

Heft 6 Prof. Dr. med. HERBERT JORDAN, Balneobioklimatologie – Eine Zielstellung im Mensch-Umwelt-Konzept 1981. 25 Seiten – 8 Abbildungen – 1 Tabelle – 8° – M 4,–

Band 115

Heft 1 Prof. Dr. rer. nat. HERMANN BERG, Wilhelm Ostwald – Erkenntnisse über die Biosphäre
1981. 36 Seiten – 7 Abbildungen – 3 Tabellen – 8° – M 6,–

Heft 2 Prof. Dr. sc. KLAUS DÖRTER, Aphorismen zur Qualität des Bewässerungswassers
1981. 31 Seiten – 11 Abbildungen – 11 Tabellen – 8° – M 6,–

Heft 3 Prof. Dr.-Ing. Dr. rer. nat. h. c. PAUL GÖRLICH, Die geschichtliche Entwicklung des wissenschaftlichen Gerätebaus und seine zukünftige Bedeutung 1981. 36 Seiten – 8° – M 6,–

Heft 4 Prof. Dr. WOLFGANG BUCHHEIM, Albert Einstein als Wegbereiter nachklassischer Physik
1981. 29 Seiten – 8° – M 4,–

Heft 5 Prof. Dr.-Ing. HERBERT KRUG, Die Technologie der Brikettierung von Weichbraunkohle im Lichte der Verfahrenstechnik und der besseren Nutzung dieses Energieträgers
1982. 20 Seiten – 13 Abbildungen – 8° – M 3,–

Heft 6 Prof. Dr. ERNST NEEF, Der Verlust der Anschaulichkeit in der Geographie und das Problem der Kulturlandschaft 1981. 34 Seiten – 8° – M 5,–

Band 116

Heft 1 Prof. Dr. WERNER RIES, Studium zum biologischen Alter
1982. 27 Seiten — 10 Abbildungen — 8° — M 4,—

Heft 2 Prof. Dr. RUDOLF SACHSENWEGER, Augenunabhängige optosensorische Wahrnehmungsformen
1983. 19 Seiten — 8° — M 4,—

Heft 3 Prof. Dr. HANS-GEORG SCHÖPF, Die Griechen und die Natur 1983. 62 Seiten — 8° — M 8,—

Heft 4 Prof. Dr. Ing. JÁN BENETIN. Mathematisches Modell für das Wachstum von landwirtschaftlichen Kulturen und seine Verwertung in der quantitativen Beurteilung des Bewässerungseffektes auf die Steigerung der Ernteerträge 1983. 36 Seiten — 18 Abbildungen — 3 Tabellen — 8° — M 6,—

Heft 5 Prof. Dr. HANS DRISCHEL †, Neues über die Pupille
1983. 30 Seiten — 26 Abbildungen — 8° — M 4,—

Heft 6 Prof. Dr. BENNO PARTHIER, Der Beitrag der Molekularbiologie zur Evolutionserkenntnis
Vorliegendes Heft

Heft 7 Prof. Dr. ADOLF WATZNAUER, Die Rolle des Radons (Isotop ^{222}Rn) als Umweltfaktor — eine Übersicht
In Vorbereitung

Einzel- oder Fortsetzungsbestellungen durch eine Buchhandlung erbeten

Sitzungsberichte bis Band 108
durch das Zentralantiquariat der Deutschen Demokratischen Republik, Leipzig
ab Band 107 durch den Akademie-Verlag, Berlin, zum Teil noch lieferbar

THEORIA CUM PRAXI

AKADEMIE-VERLAG

DDR-1086 Berlin, Leipziger Straße 3—4

FSC
www.fsc.org
MIX
Papier | Fördert gute Waldnutzung
FSC® C083411

Zeitfracht Medien GmbH
Ferdinand-Jühlke-Straße 7
99095 Erfurt, Deutschland
produktsicherheit@kolibri360.de